藏在古诗词里的中华文明

工程建筑

华章 —— 编著

U0312007

济南出版社

图书在版编目（CIP）数据

工程建筑 / 华章编著． —— 济南：济南出版社，2024．7．——（藏在古诗词里的中华文明）．——ISBN 978-7-5488-6548-3

Ⅰ．TU-092.2

中国国家版本馆 CIP 数据核字第 20243MY290 号

藏在古诗词里的中华文明：工程建筑

CANG ZAI GUSHICI LI DE ZHONGHUA WENMING：GONGCHENG JIANZHU

华章　编著

出 版 人　谢金岭
责任编辑　李　敏　孙梦岩
封面设计　张　倩
绘　　画　黄　卓

出版发行　济南出版社
地　　址　山东省济南市二环南路 1 号（250002）
总 编 室　0531-86131715
印　　刷　河北吉祥印务有限公司
版　　次　2024 年 7 月第 1 版
印　　次　2024 年 7 月第 1 次印刷
开　　本　170mm×230mm　16 开
印　　张　14
字　　数　142 千字
书　　号　ISBN 978-7-5488-6548-3
定　　价　45.00 元

如有印装质量问题 请与出版社出版部联系调换
电话：0531-86131736

古诗词里有乾坤

中国是诗的国度。《诗经》、楚辞、汉乐府、唐诗、宋词、元曲……古诗词是中华民族的文化瑰宝，传承至今仍熠熠生辉，具有旺盛的生命力和时代活力。古代的文人墨客用生花妙笔，记录自然风物、社会风貌、日常生活、内心情感，可以说涵盖中华文化的方方面面，为我们提供了一把解读和感受优秀传统文化的钥匙。

古诗词里藏着丰富多彩的服饰文化。古人的衣橱是什么样的？是不是也和我们一样，有着各式各样的衣物和配饰？古代的"潮人"穿着什么样的服饰？翻开这套书，你会发现，原来古人在服饰上有那么多讲究！那华美的襦裙、飘逸的宽袍大袖、精致的佩饰和头饰等，都承载着古人对美的追求和对生活的热爱。

古诗词里藏着多种多样的礼节风俗。我国自古以来就是"礼仪之邦"，礼仪早已深深植根于每个人的心里。从出生到成年，古人要经历多少礼仪？四季轮回，人们要庆祝哪些节日、遵循哪些风俗？翻开这套书，你可以读到有关礼仪、节日、风俗的起源与传说，感受穿越时空的温馨与感动……

古诗词里藏着源远流长的饮食文化。民以食为天，作为拥有五千多年文明史的泱泱大国，我国有着悠久的饮食文化。一年四季，一日三餐，古人在"吃"上都有哪些讲究？"雕胡饭"是用什么做的？"薤"是什么蔬菜？"饮子"又是什么饮料？翻开这套书，一起感受古代的人间烟火吧！

古诗词里藏着赏心悦目的传统曲艺。我国古代人民有着多姿多彩的娱乐活动，他们也会像今天的人们一样看戏、听曲，欣赏舞蹈。那么，笛子和箫是如何发展演变的？"高山流水"的故事发生在哪儿？"梨园"是如何与曲艺联系在一起的？诸多音乐、舞蹈、曲艺项目不仅丰富了古人的生活，还为我们留下了宝贵的非物质文化遗产。

古诗词里藏着令人叹为观止的工程建筑。在一首首流传至今的诗篇中，我们不仅能够了解古代社会的风貌，还能感受到古代劳动人民的伟大创造力。他们用非凡的智慧和精湛的技艺建造了一座座令人叹为观止的工程建筑，为世界留下了奇伟瑰丽的文化遗产。

古诗词里藏着雄伟壮观的地理风貌。昆仑山上有《西游记》里所说的神仙吗？趵突泉为什么被称为"天下第一泉"？雷电是怎么形成的？大自然鬼斧神工，在中华大地上造就了万千山河湖海、地形地貌和气候现象。

古诗词里藏着精湛高超的器具工艺。你知道曹植《七步诗》里所写的"豆在釜中泣"的"釜"是什么吗？"江船火独明"中的"船"在当时都有哪些种类？"纸尽意无穷"，纸是怎么做的，又是怎么传播到世界各地的？古时劳动人民在生活里创造了种类繁多的器具，发展出了高超的生产技艺。

《藏在古诗词里的中华文明》丛书共七册，从"霓裳风华""礼节风俗""传统美食""音舞曲艺""工程建筑""地理风貌""器具工艺"等不同的侧面，展现中华文化之美，发掘传统文化之价值，传递中华文明之魅力。希望这套书能为广大读者尤其是青少年读者，提供探索传统文化的一扇窗口，播下传统文化的种子，让中华文明薪火相传。

目 录

目 录

目录

 四　陵寝墓地

五　宫殿宅第

目 录

目 录

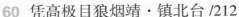

一

亭台楼阁

古诗词中的亭台楼阁韵味悠长。亭，矗立于山水之间，和风景融为一体；台，高大宏伟，是登高望远的绝佳之地；而那楼阁飞檐翘角，雕梁画栋，尽显古代建筑大师的匠心独运。让我们穿越时空，拜访那古色古香的亭台楼阁，尽情感受建筑的美好和文化的魅力吧！

停车坐爱枫林晚·爱晚亭

山 行 〔唐〕杜牧

远上寒山石径斜，白云生处有人家。

停车坐爱枫林晚，霜叶红于二月花。

幸亏我有一双善于发现的眼睛，才能找到秋天的美。

很多诗人不喜欢秋天，因为他们觉得秋天给人一种萧瑟、凄凉的感觉。可唐代诗人杜牧却与众不同，他到远山深处感受山林秋色，并作此诗表达了他对秋天的喜爱之情。

这天，他在山林中看到了一大片被秋霜染红的枫树林，便特地停车观赏。在晚霞的映照下，枫叶竟比二月的春花还要红艳。这生机勃勃的画面让杜牧看得如痴如醉，到了傍晚还舍不得离开。

杜牧把自己的感受写进《山行》这首诗中，诗句"停车坐爱枫林晚，霜叶红于二月花"成了千古名句。很多人一听到这句诗，就会自然地联想到爱晚亭这座著名的亭子。有意思的是，杜牧写这首诗的时候，爱晚亭还没有出现，这是怎么回事呢？

原来，爱晚亭是后人建造的，它一开始并不叫这个名字。清乾隆五十七年（1792 年），湖南长沙岳麓（lù）书院的山长（相当于今天学校的校长）罗典在岳麓山的清风峡中建了一座亭子。因为亭子周围有很多枫树环绕，每到深秋，火红的枫叶遍布林间，所以亭子就被称为"红叶亭"或"爱枫亭"。

有一年，湖广总督毕沅（yuán）来这里游玩，他看见那如火般艳丽的枫叶，顿时眼前一亮，随口吟诵了杜牧的《山行》。他借用"停车坐爱枫林晚"这句诗，把亭子的名字改为"爱晚亭"，让这座亭子的文化意蕴上了一个大台阶。

从那以后，各地游客纷纷来爱晚亭"打卡"，爱晚亭的名气也越来越大。这样的情况在我国建筑史上并不少见，很多著名古亭的建设都和诗文有关。爱晚亭是先有诗后有亭；安徽滁（chú）州的醉翁亭，是先建亭后有《醉翁亭记》，此文让亭子名扬四海。由此可见，文学与建筑是互相联系、互相成就的。

来到爱晚亭，人们不仅能够欣赏枫叶美景，感受《山行》的诗意，还能品味亭子本身的建筑艺术。

爱晚亭亭顶重檐四披，攒（cuán）尖宝顶，四翼角边远伸高翘，覆以绿色琉璃筒瓦。也就是说，爱晚亭有两层亭檐，亭顶是攒尖顶，锥形，在顶部交汇成一个尖顶，也叫"宝顶"；重檐檐角飞翘，亭顶上覆绿色琉璃筒瓦，非常华丽。

爱晚亭有八根柱子，外柱是灰白色的花岗岩方柱，正面的两根

方柱上刻着一副对联："山径晚红舒，五百夭桃新种得；峡云深翠滴，一双驯鹤待笼来。"大意是，亭旁的山径上，深秋的枫叶红得像茂盛而艳丽的桃花；清风峡的云与绿树交融，双鹤泉中的仙鹤也愿意留在这里。这里提到的"双鹤泉"，就在爱晚亭旁，传说有一对仙鹤从这里飞过，在水中留下过美丽的鹤影。

爱晚亭曾在抗日战争时期被毁，经过多次修复后，才有了如今的模样。现在人们来到爱晚亭，还能看到毛主席亲笔题写的"爱晚亭"匾（biǎn）额。红色的匾额、绿色的琉璃瓦和灰白方柱等，融合在同一幅画面中，再加上枫叶的点缀，宛如一道色彩的盛宴。相信杜牧来到这里，也一定会被眼前的美景深深迷住，不愿离去……

池州翠微亭　　［宋］岳飞

经年尘土满征衣，特特寻芳上翠微。

好水好山看不足，马蹄催趁月明归。

祖国的大好河山，我永远都看不够！

一提到岳飞，人们首先想到的是"民族英雄""抗金名将"这样的称谓。可你知道吗？岳飞文武双全，他不但有杰出的军事才能，还擅长写诗、作词和书法。他留下过很多经典的诗词作品，其中那首慷慨豪迈的《满江红》，千百年来不知激发了多少中华儿女的爱国之心。

这位伟大的英雄时刻牵挂着国家和民族的命运。从军后，他一直南征北战，四处奔波，过着十分紧张的军事生活。一句"经年尘土满征衣"，让人不禁为他感到心酸。此时他奉命出师池州（今安徽池州），在池州城东南的齐山扎营，忙里偷闲的他来到了齐山翠微亭。他在翠微亭眺（tiào）望四周的景色，感叹"好山好水看不足"，而这大好河山正是他立誓用生命去守护的。

翠微亭，在今安徽省池州市贵池南边的齐山上，是唐代大诗人杜牧担任池州刺史时建造的。古人有重阳登高的习俗，杜牧曾在重阳节和好朋友一起登上齐山，留下了"与客携壶上翠微"的诗句。翠微亭也因为杜牧和岳飞的"宣传"，而多了很多文化气息，愈发受到文人雅士的追捧。

关于翠微亭，还有一个故事。当年岳飞蒙受不白之冤，被奸臣以"莫须有"的罪名谋害。大将军韩世忠愤恨不已，当面责问奸相秦桧（huì），却被解除了兵权。为了排遣心中的郁闷，韩世忠登上了杭州飞来峰，想起了岳飞和《池州翠微亭》，内心悲痛、感慨不已。于是，韩世忠特意派人去池州齐山描下当时翠微亭的图样，然后在杭州灵隐寺飞来峰建造了一座相同的翠微亭。从那以后，"一世忠名，两处翠微"的故事就传开了。

攒尖顶　　重檐

亭柱

　　池州的这座翠微亭自建成以来，多次遭到毁坏，又不断重建，因此不同时期的翠微亭样子有所不同，甚至在齐山上的位置也不一样。1949 年，翠微亭因年久失修而倒塌。现在的翠微亭，是 1985 年仿照杭州翠微亭的构造，在明代亭址上重建的。

　　如今来到翠微亭，可以看到它是木石结构，外形和爱晚亭比较相似，都是重檐、攒尖顶、亭角飞翘，下面有八根柱子，亭子正南面悬挂着"翠微亭"匾额。翠微亭的配色简洁，给人一种典雅、厚重的感觉。

　　站在翠微亭中，可以居高临下观赏齐山风貌与远处的江湖帆影，领略岳飞笔下"看不足"的"好山好水"，感受这位民族英雄对祖国壮丽山河的热爱、依恋之情。

赤　壁 ［唐］杜牧

折戟沉沙铁未销，自将磨洗认前朝。

东风不与周郎便，铜雀春深锁二乔。

运气不错，捡到一件
赤壁之战留下的遗物。

赤壁（今湖北赤壁西北）是三国时的古战场，公元 208 年，这里发生了著名的"赤壁之战"。在这次战役中，孙权、刘备联军击败了曹操的军队，奠定了三国鼎立的局面。周瑜是孙吴军的统帅，也是战场上的风云人物。不过，杜牧在游览赤壁后，却提出了一个独特的观点，他认为周瑜的胜利纯属侥幸，要是当年东风不给他"方便"，结局就是曹操取胜，"二乔"就会被关进铜雀台了。

杜牧这一句"铜雀春深锁二乔"，引发了人们的讨论。"二乔"是指东吴乔公的两个女儿，她们都长得十分美貌，分别嫁给了孙策和周瑜。想象一下，两位貌美如花的女子被深锁在铜雀台的宫殿中，该是多么令人惋惜、哀伤的画面啊！

幸好这只是诗人的一种想象，不过他这句诗倒是让铜雀台变得更加有名了。那么，铜雀台是什么样的建筑呢？

东汉建安年间，曹操打败袁绍、统一北方之后，下令在邺（yè）城（今河北省邯郸市临漳县境内）修筑"邺城三台"，也就是"铜雀台"、"金虎台"（也作"金凤台"）和"冰井台"。

在邺城三台中，铜雀台处在绝对的焦点位置，也是最壮观的。据记载，铜雀台高十丈，按三国时期一尺约为 24 厘米计算，铜雀台高约 24 米，相当于现在的八九层楼高。

铜雀台不仅规模宏伟，而且造型非常精致。台上建有上百间房屋，装饰着精美的浮雕和绚丽的彩画。远远望去，屋檐飞翘，楼阁重叠，气派的程度甚至超过了当时皇帝居住的宫殿。

铜雀台建成后，曹操十分开心，命人在铜雀台上准备了奢华的宴席，款待群臣，并让大家写诗作赋助兴。他的儿子曹植才华横溢，只是略加思索，就第一个"交卷"。曹操读过这篇文辞华美的《铜雀台赋》后，大为赞赏，对曹植寄予厚望，认为他"能成大事"。

从那以后，曹操不但在铜雀台处理政务、检阅军事操演，还和当时的文人们一起挥毫泼墨、写诗作赋，留下了很多优秀的作品。这些作品有的反映社会现实和百姓苦难，有的抒发渴望建功立业的雄心壮志，有的则写出了人生短暂、壮志难酬的悲凉感受。这种意境宏大、慷慨悲凉的文学风格，被称为"建安风骨"。"建安文学"自此诞生，铜雀台也因此成了当时文人墨客心中的文学圣地。

铜雀台经过了最初的辉煌后，慢慢沉寂下来，后世曾经对它进行过整修，让它一直留存到了明朝。可惜到了明末，它被漳河冲毁。如今的铜雀台只剩下不足十米高的土堆，但我们依然可以通过《赤壁》《铜雀台赋》等文学作品，去想象它那恢宏的气势与华丽的气韵。

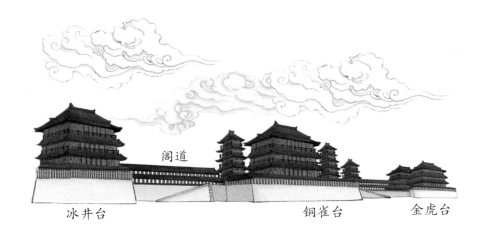

冰井台　　　　　　　　　　阁道　　　　　　　　　　铜雀台　　　金虎台

04 昔人已乘黄鹤去 · 黄鹤楼

黄鹤楼 ［唐］崔颢

昔人已乘黄鹤去，此地空余黄鹤楼。

黄鹤一去不复返，白云千载空悠悠。

晴川历历汉阳树，芳草萋萋鹦鹉洲。

日暮乡关何处是？烟波江上使人愁。

我真是有眼不识泰山啊！

唐代诗人崔颢的这首《黄鹤楼》被称为唐人七言律诗中的"第一"。在诗的开头，崔颢就提到了一个神妙的传说，让诗歌多了一些虚幻、飘逸的味道。

相传，黄鹤楼原是一家酒店，有个打扮寒酸的酒鬼每天来喝酒，却从不给钱。店主也没和他计较，反而慷慨地供他酒喝。其实，酒鬼是一位仙人，他为了感谢店主，就在墙上画了一只黄鹤。黄鹤从墙壁上飞下来翩翩起舞，引来了大量的客人，让酒店的生意越来越好……过了十年，仙人又回来了，他吹着笛子，跨上黄鹤直上云天。在那以后，店主把酒店扩建成了酒楼，取名"黄鹤楼"。

　　崔颢早就听过这个传说，可当他慕名而来，登上黄鹤楼后，却没看见什么黄鹤、仙人，眼前只有一座江楼，难怪他会写下"昔人已乘黄鹤去，此地空余黄鹤楼"的名句。美好的憧憬和现实的落差，在他心中留下了一层怅惘（chàng wǎng）的底色，也为抒发乡愁做好了铺垫。

　　当然，现实中的黄鹤楼和仙人并没有什么关系。它最初是在三国时期修建的，为的是瞭望守戍、防范外敌——黄鹤楼在古城的一角，西面长江，当敌人来犯时，逃不过楼上哨兵的视线。三国统一后，黄鹤楼就失去了军事作用。

　　到了唐代，黄鹤楼成了人们登高望远、吟诗作画的地方。崔颢就是在某次登高时，看到眼前的景色，产生了强烈的感情，才会诗兴大发，一口气写下了这首流传千古的诗歌。

　　有人说"诗仙"李白本来要给黄鹤楼题诗，可看到这首诗后，觉得自己还是暂时搁笔为好，免得被崔颢比下去。这个说法流传很广，但不一定可靠，因为李白曾写下好几首与黄鹤楼有关的诗歌，其

中最有名的是《黄鹤楼送孟浩然之广陵》，这也是一首千古佳作。另外，刘禹锡、贾岛、宋之问、陆游等人也为黄鹤楼写过诗，不过都没有崔颢和李白的诗深入人心。

在众多诗人的努力"推广"下，黄鹤楼这个名字家喻户晓，它与岳阳楼、滕王阁并称"江南三大名楼"；与岳阳楼、滕王阁、鹳雀楼（一说"蓬莱阁"）并称中国古代"四大名楼"。由于战争、兴修水利等原因，黄鹤楼多次重建。现在的黄鹤楼是 1985 年重建的。

如今，黄鹤楼屹立在湖北省武汉市长江南岸的蛇山顶上，号称"天下江山第一楼"。从外面看，它是一座五层建筑，飞檐斗拱，六十个翘角凌空舒展，上面还装饰着十多万块黄色的琉璃瓦，在阳光照射下熠熠生辉，气势磅礴；而在它的内部，每两层楼之间还有夹层，所以它实际是九层，隐含着"九五至尊"的意味。

黄鹤楼檐下四面悬挂匾额，正面悬挂着书法家舒同题写的"黄鹤楼"三字金匾。走进黄鹤楼，我们可以在一楼大厅看到巨型的彩色陶瓷壁画《白云黄鹤》，上面描绘的正是仙人乘黄鹤离去的画面。我们在此可以重新品味崔颢的诗句，感受那"黄鹤一去不复返，白云千载空悠悠"的意境。

05 更上一层楼·鹳雀楼

登鹳雀楼 （guàn）　[唐]王之涣（huàn）

白日依山尽，黄河入海流。

欲穷千里目，更上一层楼。

唐代诗人王之涣留存下来的诗不多，在《全唐诗》中只保存了六首，可一首《凉州词》和一首《登鹳雀楼》却让他火遍大江南北。

在《登鹳雀楼》的前两句中，王之涣遥望一轮落日向着楼前连绵起伏的群山西沉，直到视野的尽头；又"目送"楼前下方的黄河奔腾而去，向东流入大海。这样就把上下、远近、东西的景物全部容纳进了两句诗里，描绘出了一幅宽阔、辽远的画卷。

有趣的是，鹳雀楼的旧址在山西省永济市西南，在这个位置，王之涣站在楼上是不可能望见黄河入海的，可他却把自己想象中的虚景和眼前所见的实景融合在一起描写，更增加了画面的广度和深度，也让我们感受到了他那不凡的胸襟和抱负。

更令人称赞的是，这首诗的后两句"欲穷千里目，更上一层楼"，听上去简单平实，却意味深远，耐人寻味。有人从中品出了"站得高、看得远"的哲理，也有人感受到了王之涣积极进取的精神和高瞻远瞩的意识。

让王之涣产生这种壮志豪情的鹳雀楼建于北周时期，是北周权臣宇文护为防止北齐进攻而修建的，因建成后常有鹳雀（又叫"冠雀""观雀"）成群结队前来栖息而得名。

在唐代，有很多诗人来这里登高赋诗，抒发激情。他们读过《登鹳雀楼》后，常常按捺不住激动的心情，写下一篇篇诗歌，似乎是想和王之涣一比高下。宋代科学家、文学家沈括还给这些诗篇做了排名。他在《梦溪笔谈》中说，在唐人所留下的诗中，李益、王之涣、畅当所作的三篇最佳，虽然畅当的诗意境也很壮阔，不失为

一篇名作，但王之涣的诗太过精彩，畅当的也只能略逊一筹。

读过这些诗篇，我们不难想象鹳雀楼当时有多么繁华热闹。然而好景不长，唐代以后，随着政治经济中心逐渐南移，鹳雀楼渐渐衰败了，并在元初毁于战火。后来黄河改道，连旧址也找不到了。

现在的鹳雀楼是 1997 年动工重建的，历经五年的时间才建成。整座楼阁由台基和楼身两部分构成，总高 70 多米，是"四大名楼"中最高的一座。

鹳雀楼的建筑结构很精巧，远看有四檐三层，内部实际上是六层。整体是钢筋混凝土骨架，采用了唐代油漆彩画来装饰。这些彩画本来已经失传，但国家文物局的专家们经过多方考察、抢救，又重新创作设计，尽可能恢复了它们绚丽的色彩，也为鹳雀楼增加了许多唐风雅韵。

如果登上鹳雀楼的最高层远眺，人们的视野会变得非常广阔，能够感受到王之涣诗中"欲穷千里目，更上一层楼"的意境。

登岳阳楼 ［唐］杜甫

昔闻洞庭水，今上岳阳楼。

吴楚东南坼(chè)，乾坤日夜浮。

亲朋无一字，老病有孤舟。

戎(róng)马关山北，凭轩涕泗(sì)流。

关山以北还是兵荒马乱、战火纷飞，想到这些，我就泪水横流。

唐大历三年（768年）的秋天，诗人杜甫已经57岁了。此时的他年老体衰，贫病交加，流落到了岳州（今湖南岳阳），处境十分艰难。他登上了神往已久的岳阳楼，远眺烟波浩渺的洞庭湖，心中百感交集。

他既为自己的怀才不遇、漂泊天涯而感到悲苦，又心系国家安危，为多灾多难的人民担忧不已，于是写下这首《登岳阳楼》。诗中透露出一种悲壮苍凉的意境，催人泪下。

人们对于杜甫的这首诗，历来都有极高的评价，有人称它为"盛唐五律第一"，还有人说它是"登楼第一诗"。诗中提到的岳阳楼历史悠久，前身是修建于东汉末年的阅军楼。那时，东吴大将鲁肃奉命镇守巴丘，操练水军。出于训练和检阅水军的目的，鲁肃修筑了高数丈的阅军楼，登楼可观洞庭湖全景，气势非同凡响。此后，岳阳楼历经多个朝代，屡次毁于大火，又屡次重修重建。

到了唐代，岳阳楼成了诗人们游览观光、展现才学的地方。除了杜甫，李白、元稹、李商隐等唐代诗人都在这里留下过作品。但让岳阳楼闻名天下的，还是宋代的滕宗谅（字子京）和范仲淹。

　　滕宗谅是一名官员，曾被贬到岳州任知州。来到岳州后，他发现洞庭湖是天下名胜，可原有的楼台却不够壮观气派，便决定重修岳阳楼。在他的主持下，岳阳楼基本重修完毕，他请范仲淹为岳阳楼写篇文章。范仲淹写下了名传千古的《岳阳楼记》，里面那句"先天下之忧而忧，后天下之乐而乐"被人们称颂不已，岳阳楼也随之名满四方。

　　在那之后，岳阳楼又经历了多次重建，现存的楼体高约19米，共有三层，是纯木结构的飞檐楼阁。楼中四根楠木金柱直贯楼顶，是承重的主柱，被称为"通天柱"。除了这四根通天柱外，其余柱子的数量也都是四的倍数，比如岳阳楼有廊柱12根、檐柱32根等。这些柱子彼此牵制，结为整体，保证了整座建筑的坚固性。

　　岳阳楼的楼顶造型独特，远远看去，就像古代将军的头盔，盔顶上还覆盖着琉璃黄瓦，显得庄重大方。这种顶式结构在我国古代建筑史上是独一无二的，体现了劳动人民的聪明才智。

　　走进岳阳楼，我们还能看到《岳阳楼记》《登岳阳楼》的雕屏，近距离感受那厚重的文化气息和诗人忧国忧民的胸怀。

盔顶　　飞檐

通天柱

芙蓉楼送辛渐　　[唐] 王昌龄

寒雨连江夜入吴，平明送客楚山孤。

洛阳亲友如相问，一片冰心在玉壶。

　　唐代诗人王昌龄性格豪爽，为人正直热忱（chén），他的"朋友圈"很活跃，李白、王维、高适、王之涣、岑参等都和他"频繁互动"。经常迎来送往的他写下了大量的送别诗，这首诗就是其中之一。

　　那一年，王昌龄的朋友辛渐打算从润州（今江苏镇江）取道扬州，北上洛阳。此时，王昌龄被贬为江宁（今江苏南京）县丞，他陪着辛渐从江宁到润州。在芙蓉楼，他们依依惜别。当时天气有些寒冷，茫茫烟雨与江面连成一片，让芙蓉楼都显得孤单冷清了不少。王昌龄有感而发，写下了这首诗。除了表达送别之意，他还想让辛渐给洛阳的亲友捎个口信，就说自己的心还是那么纯洁晶莹，未被功名利禄"污染"，也没有向那些排挤、陷害自己的势力屈服。

　　诗中的芙蓉楼，故址位于今江苏省镇江市千秋桥畔的月华山上，最早叫"西北楼"，是东晋刺史王恭主持建造的。登上此楼便可以俯瞰（kàn）长江，遥望江北，所以吸引了很多文人雅士前来游玩。在王昌龄生活的唐代，文人们在这里留下了很多诗篇，但其中最为著名的还是《芙蓉楼送辛渐》。王昌龄的一句"洛阳亲友如相问，一片冰心在玉壶"成了天下绝唱，也让芙蓉楼的名气变得更大了。

　　然而，在漫长的时光中，芙蓉楼这座千古名楼没能保存下来。现在的芙蓉楼是1992年重建的仿古建筑，位于金山塔影湖滨，和中泠（líng）泉相邻，楼高19米，分为上下两层，造型别致典雅。

　　走近芙蓉楼，首先映入眼帘的是悬挂在二楼檐下的一块匾额，上面题写着"芙蓉楼"三个大字；登上二楼，能够看到壁画《平明

送客图》《王昌龄送辛渐诗意图》等，这些壁画描绘的正是王昌龄送别辛渐的情景，让人在欣赏后深深沉浸在诗歌与艺术的氛围中。

当然，芙蓉楼周围还有很多好去处。比如，在芙蓉楼的东北角有一座冰心榭（xiè），是展示中泠泉的水质和演示茶艺的地方。早在唐代，中泠泉就因水质清澈、甘醇（chún）而闻名天下。现在，游客们游览过芙蓉楼后，便可以来这里喝一杯用泉水泡的茶。芙蓉楼的东南角是掬（jū）月亭，从这里可以欣赏湖中的三座汉白玉石塔。

更值得一提的是芙蓉楼的夜景。当明月升起时，金山佛塔的灯光投射在塔影湖上，芙蓉楼的倒影也在水中若隐若现，犹如琼楼玉宇，这就是著名的"江心一芙蓉"。

六月二十七日望湖楼醉书五绝（其一）

［宋］苏轼

黑云翻墨未遮山，白雨跳珠乱入船。

卷地风来忽吹散，望湖楼下水如天。

好的诗人总是善于从生活中寻找灵感，一场突如其来的大雨就让苏轼产生了创作激情。才思敏捷的他捕捉到了雨中西湖别具风味的景色，并用诗句绘成一幅西湖骤（zhòu）雨图。

那天，在杭州做官的苏轼，本来正乘船游览西湖，没想到突然下起了暴雨，苏轼躲避不及，只好先把船停在望湖楼下。他登上楼，一边饮酒，一边观赏雨中的西湖，大笔一挥写下了这首名满天下的诗。

在诗的前两句中，苏轼把突如其来的大雨写得极其生动形象：乌云汹涌，像墨汁泼洒但尚未遮住；白花花的雨点，好像蹦跳的珍珠乱蹿入船。其中，"翻墨""跳珠"两处精彩的比喻让人拍案叫绝。在诗的后两句中，苏轼笔锋一转，写到了雨后的情景：卷地而来的大风忽然把云吹散，望湖楼下湖面平静得像辽阔的蓝天一般。

诗中的望湖楼，原本位于杭州西湖畔，始建于北宋乾德五年（967年），是吴越王钱俶（chù）建造的。它是一座两层建筑，造型典雅古朴，最初叫"看经楼"。登上楼后，面对如此美妙的西湖景色，又有多少人能用心看经呢？所以就将其改名为"望湖楼"了。有了苏轼的这首诗，充满诗情画意的望湖楼一跃成为江南名楼，让后人争相前来"打卡"。

现在的望湖楼是1985年按清代旧式重建的，位于浙江省杭州市西湖宝石山的最东端，断桥东少年宫广场西侧。望湖楼是两层木结构的建筑，青瓦屋面，飞檐凌空，配合着镂空雕花栏杆，看上去古色古香。楼阁正面有清朝收藏家沈阆崐（làng kūn）题写的楹（yíng）联："里外湖瑞启金牛，地注渊泉，卅里晴波无限好；古今月光含玉兔，天开图画，一轮霁魄此间多。"楼阁西侧有曲廊与辅楼餐秀阁相连。楼阁四周植被繁茂，有枝繁叶茂的古香樟，也有棕榈（lú）、冬青等作为点缀；地势较高的地方有用石头堆叠成的假山，让望湖楼在自然景观的衬托下更显优美大方。

如今的望湖楼是一个喝茶赏景的好去处。人们登上楼，可以凭栏远眺；也可以找个靠窗的座位，一边喝茶，一边欣赏西湖美景。只见湖面波光粼粼，湖中画舫和游船来回穿梭，湖堤上游人如织，构成了一幅和谐的画面。若是阴雨天气，人们又能欣赏到不一样的风景，感受苏轼在诗中描写的风光。

09 对此可以酣高楼·谢朓楼

宣州谢朓（tiǎo）楼饯别校书叔云

［唐］李白

弃我去者，昨日之日不可留；

乱我心者，今日之日多烦忧。

长风万里送秋雁，对此可以酣（hān）高楼。

蓬莱文章建安骨，中间小谢又清发。

俱怀逸兴壮思飞，欲上青天揽明月。

抽刀断水水更流，举杯消愁愁更愁。

人生在世不称意，明朝散发弄扁舟。

唐天宝十二年
（753 年）的秋天，
李白到宣州住了一
段时间。恰好他的
叔叔李云来到了这
里，但很快又要离
开。李白陪着他登
上了谢朓楼，为他
送行，还写下了这
首诗。

抽刀断水水更流，举杯消愁
愁更愁。

　　在诗中，李白
感慨万千。他心中既有"欲上青天"的豪情壮志，又有理想难以实
现的郁闷和不平，这使得他诗句中的情感也是跌宕起伏，一波三折。
不过，整首诗的基调并不是阴郁、绝望的，而是在忧愤、苦闷中显
示出了李白豪迈的气概和广阔的胸襟。这首诗也因此成为一首流传
千古的佳作。

　　李白登上的谢朓楼位于今安徽省宣城市宣州区，始建于南北朝
时期。当时的宣城太守是名士谢朓，他在郡城北边的陵阳山修建了
一座高楼，称为"高斋"。平时他就在这里生活起居，还写下了很多
优秀的作品。谢朓的山水诗十分出名，人们把他和诗人谢灵运合称
为"二谢"，而他所在的年代晚一些，所以也被称为"小谢"。

　　在唐代，为了纪念谢朓，人们重建了这座楼，改名为"北望

楼""北楼",也称为"谢朓楼""谢公楼"。当时谢朓楼风格华丽,依照山势建造,除了主体的楼阁外,周围还有一些小楼阁,好像众星捧月一样,把主楼衬托得更加绚丽多姿。

那时的谢朓楼是官府宴请宾客的地方,李白就曾多次登楼饮酒赋诗,杜牧、许浑等诗人也参加过这里举办的宴会。自从李白写下这首《宣州谢朓楼饯别校书叔云》后,谢朓楼名声大振,吸引了无数文人墨客到访,并为它写诗作赋。据说有记录的关于谢朓楼的诗文就有近 200 篇。

后来,谢朓楼经过几次重修,连名字都更改过好几次。我们现在看到的谢朓楼是 1997 年在旧址上重建的,是一座两层的仿古楼阁,建在高高的楼基上。它的外形十分雅致,四个檐角高高翘起,红色的围栏和黑色的木柱让这座楼更显庄重大方。楼顶上的设计更为特别,像是楼顶上长出了两只"龙角",在两只"角"中间还耸立着一个尖顶,非常引人注目。

进入楼内,我们可以在一楼欣赏

历代文人为谢朓楼留下的名作；登上二楼，凭栏远眺，可以看到满城的美景像画卷一样在眼前展开……

谢朓楼不但有优美的景观，还有厚重的人文底蕴，被列为省级文物保护单位，成为宣城的人文标志。

滕王阁 ［唐］王勃

滕王高阁临江渚(zhǔ)，佩玉鸣鸾(luán)罢歌舞。

画栋朝飞南浦云，珠帘暮卷西山雨。

闲云潭影日悠悠，物换星移几度秋。

阁中帝子今何在？槛(jiàn)外长江空自流。

　　一首诗或一篇文章，或许能让一处风景、一座楼台名垂千古。位于今江西南昌的滕王阁就是一个典型的例子。

　　唐代才子王勃写了一篇《滕王阁序》，让这座楼阁名震天下。而这首诗就附在序的末尾，虽然没有序的名声响亮，但也十分精练、含蓄，不但概括了序的内容，还从空间、时间等多重角度，展开对滕王阁的吟咏，让人产生一种境界高远、气势宏大的感受。

　　诗中的滕王阁是江南名楼，始建于唐朝繁盛时期。那时候，唐太宗李世民的弟弟李元婴被调任到洪州（今江西南昌），他热衷于享受，为了让自己玩得更加尽兴，便在临江处建造了一座楼阁，后来经常在那里大摆筵（yán）席、欣赏歌舞。由于李元婴曾经被封为"滕王"，因而这座由他主导建造的楼阁就被称为"滕王阁"。

　　王勃和滕王阁产生联系，纯属偶然。王勃从小就是公认的神童，据说他 6 岁就能写文章，未满 20 岁就得到朝廷的重用。然而，没过多久他就因触犯法律而被抓进监狱，幸好碰上朝廷大赦，才被免去了死罪。他的父亲也因此受到牵连，被贬到交趾县（今越南河内）去做县令。

　　这一年，王勃从老家南下，去交趾看望父亲，路上经过洪州。当时担任都督的阎伯屿正在为重修滕王阁举行庆祝宴会，在场的人有不少文人雅士。阎都督请他们吟诗作赋，王勃提笔就写。阎都督读过他写的《滕王阁序》后，感到非常惊喜，并夸赞不已，便下令把王勃的大作刻石记铭，立在滕王阁前。可谁能想到，王勃离开滕王阁后不久，在渡海时不幸溺水，惊悸而死，年仅 27 岁。

　　王勃就像一颗耀眼的流星，匆匆划过文坛，但他留下的《滕王阁序》却成了千古名篇，其中"落霞与孤鹜（wù）齐飞，秋水共长天一色"更成为脍炙（kuài zhì）人口的写景名句。被王勃称颂的滕王阁也引发了人们的向往之情，历朝历代的文人雅士纷纷到滕王阁观赏，写下了数不胜数的诗文，其中不乏张九龄、白居易、杜牧、苏轼、王安石这样的文学大家的作品，但流传最广、名气最大的还是王勃的《滕王阁序》。

　　唐代以后，滕王阁和其他几座名楼一样，也多次被毁，又多次重建。我们现在看到的滕王阁是 1989 年根据著名建筑学家梁思成先生绘制的图纸重建的。

　　这是一座红碧相间的楼阁，高 57.5 米，建筑面积达到 13000 平方米。建筑的下部是象征古城墙的 12 米高的台座，分为上下两级。台座以上的主阁采用了"明三暗七"的格式，也就是从外面看是三层带回廊的建筑，而内部却有七层，包括三个明层、三个暗层及一层阁楼。

　　滕王阁内部的浮雕再现了王勃参加盛会、挥毫作序的画面，我们可借此想象当时的盛况。我们还可以登上滕王阁的最高层，饱览雄伟壮丽的赣（gàn）江风光，品味王勃描写的美好画面。

登快阁 ［宋］黄庭坚

痴儿了却公家事，快阁东西倚晚晴。

落木千山天远大，澄江一道月分明。

朱弦已为佳人绝，青眼聊因美酒横。

万里归船弄长笛，此心吾与白鸥盟。

大家别误会，我可是办完了
公事，才出来放松的……

宋代文学家黄庭坚曾在吉州泰和县（今江西省吉安市泰和县）做知县，平时办完公事之后，他常会登上当地有名的快阁游玩。

在一个初冬的傍晚，趁着雨后初晴，黄庭坚登上快阁，倚靠栏杆欣赏着周边的景色。他举目远望，看见天空是那么高远辽阔。而当月亮出来后，月光下清澈的江水如同一条白练伸向远方。这美景冲淡了他的疲倦和烦恼，也让他产生了写诗的激情，《登快阁》便由此而生。

这首诗的第一句特别有意思，黄庭坚化用了《晋书·傅咸传》里"痴儿"的典故——当时那些清谈家把认真做事的人都看成"痴儿"，黄庭坚便用这个词来自嘲，说自己是个要把公务都处理好才能安心登快阁的"痴儿"。

让黄庭坚十分喜爱的快阁位于泰和县城区东侧，始建于唐代，距今有 1100 多年的历史。最开始，它是供奉西方慈氏（俗称"观音大士"）的地方，名叫"慈氏阁"。到了宋代，当时的泰和县令沈遵善于治理地方，让泰和的老百姓安居乐业、心情舒畅。大家闲下来时，常常登阁远眺，觉得心旷神怡、十分快乐，久而久之，"慈氏阁"的名字就改为"快阁"。

快阁之所以能够闻名天下，黄庭坚的这首诗起了很大的作用，里面那句"落木千山天远大，澄江一道月分明"尤其受人称赞，吸引了很多文人慕名前来。像宋代的陆游、文天祥、杨万里，明代的王直，清代的高咏等人都在这里留下足迹，写下诗篇。

斗转星移，世事变迁。在漫长的岁月中，快阁曾遭遇水灾、风灾及战乱，多次被毁，又多次重建。我们现在看到的快阁是1986年仿照原来的式样重建的，2009年又加以修缮，使它更显壮丽宏伟。

现在的快阁阁身有三层，坐落在高大的底座上，中间有阶梯相连。阁身每层之间都有结实的大红柱承担重量，四周则环绕着典雅的回廊。快阁有三重飞檐，檐角高高翘起，好像大雁展翅的样子；檐上覆盖着琉璃瓦，在阳光下显得耀眼夺目。

登上快阁，我们可以像黄庭坚那样感受居高临下的快感，也可以远望澄江，陶醉在那"澄江一道月分明"的美景之中……

庙宇祠堂

典雅古朴的庙宇祠堂见证了历史的变迁，承载着民族的精神，成为后人追溯历史、传承文化的重要场所。古代的文人墨客也常将庙宇祠堂写入诗词中，抒发丰富的情感和远大的抱负，更在其中寄托了对家国天下的无限感慨……

蜀 相 ［唐］杜甫

丞相祠堂何处寻，锦官城外柏森森。

映阶碧草自春色，隔叶黄鹂空好音。

三顾频烦天下计，两朝开济老臣心。

出师未捷身先死，长使英雄泪满襟。

杜甫处在唐代由盛而衰的动乱年代，过着颠沛流离的生活。唐乾元二年（759年）十二月，他流落到了成都，在朋友的资助下，定居在了浣（huàn）花溪畔，总算是安顿了下来。

成都是三国时蜀汉建都的地方，城西北有诸葛亮庙，名为"武侯祠"。第二年春天，杜甫探访了武侯祠，写下了这首感人肺腑的千古绝唱。

诗中的"蜀相"指的是蜀汉的丞相诸葛亮，他是忠臣和智者的代表，我们熟悉的"三顾茅庐""草船借箭""空城计"等故事都和他有关。可惜他多次出师伐魏，都没能取胜，最终遗憾地死在五丈原〔今陕西省岐（qí）山县东南〕。杜甫对他非常崇敬，不止一次为

到哪里去找这么忠君爱国、济世扶危的贤相呢？

他写诗。在这首诗中，既有对诸葛亮才智品德的歌颂，又有对他功业未成的惋惜，还有杜甫对现实的寄托——杜甫所处的现实世界，战乱频繁，国家分崩离析，人民流离失所，让他忧心如焚。他渴望能有像诸葛亮一样的忠臣贤相来恢复国家的和平统一。

让杜甫产生怀古幽情的武侯祠是纪念诸葛亮的专祠，也叫"孔明庙""诸葛祠""丞相祠"等，在全国不止一座。位于四川省成都市的武侯祠格局与众不同，经过千年变迁，它实际包括了惠陵（汉昭烈帝刘备的陵寝）、汉昭烈庙、三义庙和川军抗战将领刘湘的墓园等。

在杜甫之后，还有许多文人墨客来这里拜谒（yè），留下了很多歌咏诸葛亮、刘备以及蜀汉英雄的诗词。

后世的人们很注意维修和保护武侯祠，但受当时保护手段和技术的限制，往往只是对其做局部修缮。2008 年汶川大地震后，武侯祠的部分古建筑受损，当地对它实施了维修保护工程，这是历史上最重要的一次保护工程。

现在的成都武侯祠分为前后两殿，形成了昭烈庙在前、武侯祠在后，前高后低的格局。东西偏殿中有关羽、张飞的雕像；东西两廊分别为文武廊房，塑有文武官雕像 28 座，每尊像前都立有介绍其生平事迹的石碑。

殿内外还有许多匾联，其中以清朝赵藩（fān）的"攻心联"最为著名："能攻心则反侧自消，从古知兵非好战；不审势即宽严皆误，后来治蜀要深思。"这是借对诸葛亮、蜀汉政权成败得失的分析总结，提醒后人在治国时要借鉴前人的经验教训，要特别注意"攻

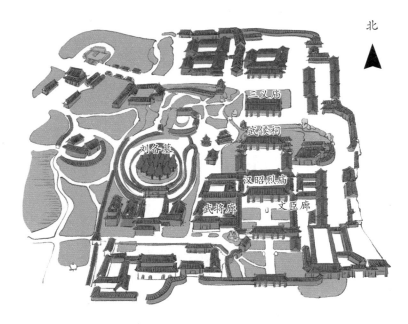

北

心"和"审势"。

武侯祠大门后的柏丛中还有六块石碑，由唐宰相裴（péi）度撰文、书法家柳公绰（chuò）书写、石匠鲁建刻字，被后世称为"三绝碑"。武侯祠内柏树众多，气氛庄严肃穆，会让人们不由自主地想起杜甫在诗中描述的"锦官城外柏森森"的画面。

13 长歌游宝地·少林寺

游少林寺 ［唐］沈佺期

长歌游宝地，徙倚对珠林。

雁塔风霜古，龙池岁月深。

绀园澄夕霁，碧殿下秋阴。

归路烟霞晚，山蝉处处吟。

在今河南省郑州市嵩山西峰少室山的密林之中，坐落着"天下第一名刹"少林寺。从古至今，前去参观的游客络绎不绝。唐代诗人沈佺期也慕名来到了这座佛门宝地，还写下了这首像游记一样的诗。

在诗的开头，他开门见山地写自己踏着歌声来到少林寺，仔细地观赏了寺内清幽秀美的

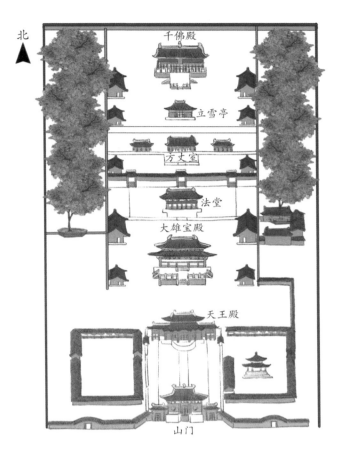

园林景色，心情十分愉悦。接下来，他像一位负责任的解说员，带我们一起畅游少林寺中的重点景观塔林（诗中的"雁塔"指佛塔）、龙池……不知不觉到了黄昏，他尽兴离开，畅游的欢快心情跃然纸上。

历朝历代描写少林寺的诗词并不少，却都没有沈佺期的这首诗知名度高。他的诗让人对少林寺产生了向往之情。

这座艺术和文化的宝库始建于北魏太和十九年（495年），是北魏孝文帝为安顿印度僧人跋陀而依山辟基创建的，因其坐落于少室

山之中，故称"少林寺"。北魏孝昌三年（527年），印度僧人菩提达摩来到少林寺，在少室山五乳峰的一个天然石洞里面壁九年，之后传下禅宗（中国佛教的宗派）。少林寺也因此成了中国禅宗的祖庭（佛教宗祖布教传法的地方），在佛教界有极其崇高的地位。唐朝统治者对少林寺的发展给予了大力支持，使得少林寺享誉天下。

少林寺的规模十分宏大，从山门到千佛殿，共有七进院落，总面积达57600平方米。其中天王殿、大雄宝殿、藏经阁、钟楼、鼓楼等都是古建筑中的精品。殿内的佛像、壁画庄严肃穆，工艺精湛，是艺术和历史的完美结合。千佛殿大殿背面及东西两面墙壁上都绘着彩色壁画，其中最著名的有《十三棍僧救唐王》和《五百罗汉朝毗（pí）卢》，色彩、构图都展示出了唐代壁画的高水准。

让沈佺期赞叹不已的少林塔林，是自唐代以来历代少林高僧安息的墓地，也是我国最大的塔林。塔林中的墓塔式样繁多，造型各

异，有正方形、长方形、六角形等形状。塔的大小、高低也不相同。塔林宛如一座古塔艺术博物馆，难怪沈佺期在观赏后会赞不绝口。

随着时间的推移，少林寺的殿宇楼阁屡经修葺、重建，却不会给人不协调的感觉。这主要是因为人们在修葺、重建时，始终使用与原来一致的建筑材料和建筑风格，比如建筑材料一直用的是青石、原木、青砖、瓦等，而不是钢筋、水泥，这样便能让新增的建筑和原有建筑融为一体。

另外，为了营造幽静肃穆的氛围，少林寺中还种植了油松、圆柏、银杏等植物，通过巧妙的排列方式，使它们形成了美好的园林景观。

枫桥夜泊　　［唐］张继

月落乌啼霜满天，江枫渔火对愁眠。

姑苏城外寒山寺，夜半钟声到客船。

历史上对于唐朝诗人张继的记载很少，后人只知道他参加过科举考试，还中过进士。只是他的运气很不好，没过多久就碰上了安史之乱，于是他不得不离开长安，前往江南地区避难。

《枫桥夜泊》这首诗就是在这种情况下诞生的。张继采用了倒叙的写法，先写自己在拂晓时分看到的景物，再追忆夜半的景色和当时听到的寒山寺的钟声。那本来很平凡的桥、树、寺庙、钟声，经过他的艺术加工，构成了一幅隽（juàn）永、幽静的江南水乡夜景图。

张继的这首诗让江苏省苏州市姑苏区的寒山寺成了知名景点，不但吸引了无数游客前来探访，还因为其所承载的宗教背景，漂洋过海传播到日本，让寒山寺成了日本人心中的"文化圣地"。

据说，寒山寺能火到日本，有个叫"拾得"的和尚功不可没。他本是天台山国清寺里的和尚，与一位叫"寒山"的僧人一见如故，两人经常一起讨论佛学。寒山曾到一处寺庙居住，因为寒山是有名的诗僧，后来这处寺庙改名为寒山寺。

寒山去世后，拾得独自去日本

宣传寒山寺的任务就交给我吧！

传播佛法，成了一代宗师。他经常在弟子面前讲述自己和好朋友寒山的故事，让日本人对寒山产生了崇敬之情，所以日本不但有拾得寺，还有寒山寺。与寒山寺有关的《枫桥夜泊》也被载入日本的小学课本，可见其名声之大。

苏州的这座寒山寺历经漫长的岁月，屡毁屡建，现在的建筑是清末重建的。寺院布局并不追求左右均衡，像大雄宝殿、藏经楼就不在中轴线上。

纪念寒山与拾得的寒拾殿位于藏经楼内，楼的屋脊上装饰着《西游记》里的唐僧师徒泥塑像，十分抢眼。寒拾殿内有寒山、拾得二人的塑像，他们被称为"和合二仙"，象征着家庭和睦、婚姻美满。

在藏经楼南侧，还有一座六角形的重檐亭阁，这就是因"夜半钟声到客船"而闻名的钟楼。里面的"天下第一佛钟"是清代光绪三十二年（1906 年）所铸的仿唐式的古铜钟，总重量为 108 吨。

宋代文人欧阳修曾说过，张继的诗句虽好，但不符合实际，因为三更半夜不是撞钟的时候。后来，有人考证说，唐代吴中地区的寺庙确实有半夜敲钟的习俗，叫"定夜钟"，而且白居易、温庭筠（yún）等唐代诗人也都在诗中提到过"半夜钟"，这才平息了争论。现在寒山寺会在除夕夜敲响一百零八下钟声，吸引了无数游客前来聆听。

过香积寺 ［唐］王维

不知香积寺，数里入云峰。

古木无人径，深山何处钟。

泉声咽危石，日色冷青松。

薄暮空潭曲，安禅制毒龙。

王维的诗被人们称为"诗中有画，画中有诗"，这首《过香积寺》便是其中的一首代表作。当时他路过香积寺，用文字绘出了自己所看到的山中景色。

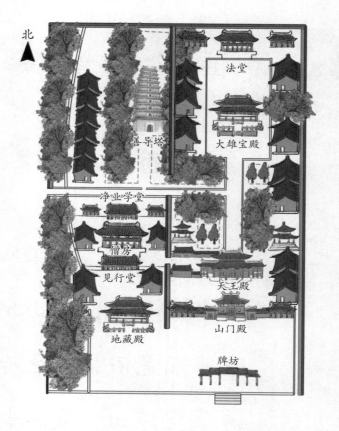

云雾缭绕的山峰、参天的古木、悠远的钟声、流泻的山泉和苍翠的松林构成了一幅恬淡幽静的画卷。虽然香积寺并没有在诗句中"露面"，但这些侧面描写已经烘托出了寺庙特有的氛围，让人十分向往。

这座香积寺位于今陕西省西安市长安区终南山子午谷正北，神禾原西畔，坐北朝南，依山傍水，地理位置十分优越。

香积寺始建于唐永隆二年（681 年），是唐代著名的"樊（fán）川八大寺"之一。最初，寺院规模宏大，景色宜人，吸引了无数游人到访，就连唐高宗、武则天都在这里留下足迹。可惜好景不长，在安史之乱中，长安的很多建筑都遭到了破坏，香积寺也没能幸免。

当时唐军还在这里和叛军发生过激烈的战斗，致使佛堂、佛塔被严重损毁。

在之后的日子里，香积寺虽然经过了几次修复，但还是慢慢走向了衰落，寺中珍藏的很多文物也失去了踪迹。20 世纪 90 年代以来，香积寺重新得到了人们的重视，经过保护和修复后，这座古刹的面貌焕然一新。

现在的香积寺有五重主要建筑，牌坊、山门殿、天王殿、大雄宝殿、法堂等沿着中轴线排列。在中轴线以西还有第二条轴线，从南至北依次建造了地藏殿、见行堂、僧房、净业学堂等。这些建筑风格古朴典雅，殿内宽敞明亮，肃穆庄严。

在香积寺中，有一座佛塔特别引人注目。它是由青砖砌成的，名叫"善导塔"，也叫"善导舍利塔"，是寺中最古老的建筑，有 1300 多年的历史。

善导塔塔顶曾遭到损毁，原来塔高 33 米，有 13 级，现在只剩下 11 级，塔身也有了比较大的裂纹。人们在对该塔进行整修时，制作了钢筋混凝土的内框架，还给每一层都加上了一些隐蔽的固定装置。这样既能保留佛塔的原貌，又能增强塔的抗震能力，延长塔的寿命。

如今，在绿树掩映中，这座善导塔静静地矗立在香积寺中，看上去是那么古朴、稳重。站在塔下，我们仍能感受到王维的诗所表现的意境，香积寺那优美的风景会让人不知不觉静下心来，沉浸在安详、宁谧的氛围中。

题破山寺后禅院 ［唐］常建

清晨入古寺，初日照高林。

曲径通幽处，禅房花木深。

山光悦鸟性，潭影空人心。

万籁此都寂，但余钟磬音。

　　唐代诗人常建很有才华，但他在官场上却总不如意，后来他退出官场，在山水名胜间找到了心灵的寄托，还留下了不少诗篇。这首诗就是他在游破山寺后写下的题壁诗。可能他自己都没有想到，这首诗竟然让名气不大的破山寺意外走红，成为"江南四大名刹"之一。

　　那是一个空气清新的早晨，常建漫步在这座古老的寺院。他抬起头，看见初升的太阳照进山林，一条弯曲的小径引导着他走入幽静之处。在小径尽头，有一间禅房掩映在繁茂的花木丛中。此时山林中鸟儿在欢快地鸣叫着，幽静的深水潭中照见了他的影子，也消除了他心中的杂念。这一刻，他只觉得仿佛万物都没有了声音，只有古寺中经久不断的钟磬之声还在悠悠地回响……

常建的这首诗像一幅禅意十足的古画，勾勒出清晨时分破山寺周围的环境，营造出一种空灵纯净的意境，让人们深受感染。人们还从这首诗中总结出了两个成语"曲径通幽"和"万籁俱寂"，可见它的流传程度。

这座破山寺位于江苏省常熟市虞（yú）山北麓，现名"兴福寺"。破山寺历史悠久，最早建于南齐时期，距今有1500多年的历史。因寺庙在破龙涧（jiàn）旁，所以才有了"破山寺"这个名字。传说在很久以前，有一黑一白两条巨龙在这里打斗，撞破了石崖，撞出了一条山涧，也就是破龙涧。每当大雨后，破龙涧就会涨水，水势奔腾，回音隆隆，很有气势。

过了涧，上了石桥，就能看见寺庙的山门，寺内有天王殿、三佛殿、大雄宝殿等建筑，都分布在寺庙的中轴线上。

与其他寺庙相比，兴福寺的建筑风格更加简洁，像大雄宝殿只用了黑瓦盖顶，没有采用明晃晃的琉璃瓦，因而更显朴实雅致。

大雄宝殿里一块形状奇特的巨石特别引人注意，据说是在南梁大同五年（539年）扩建修缮寺院的时候发现的。巨石表面突出的花纹，有点像汉字，从左边看像是"兴"字，从右边看又成了"福"字。于是，人们把这块巨石当成吉祥的象征，寺庙的名字也从破山寺改成了寓意更好的"兴福寺"。

寺庙的后禅院中，有很多与常建有关的景点。像空心潭的名字就来自"潭影空人心"的名句，潭水上方架着一座曲曲折折的石桥，只有一面有石栏杆，显得十分特别。

　　另外，寺内还有一座米碑亭，里面有宋代书法家米芾（fú）亲手书写、清代著名篆刻家穆大展雕刻的诗碑《题破山寺后禅院》，由于诗、书法、雕刻艺术都达到了很高的水平，所以被称为"三绝"。据说，米芾在书写时还把诗歌的后两句改成了"万籁此俱寂，惟闻钟磬音"，好让诗与寺庙中的环境更加贴合。

　　在寺中，随处可见依山而建的亭台楼阁和错落有致的廊道，让兴福寺看上去就像是一处环境清幽、景色宜人的园林。这里确实像常建在诗中描写的那样，是个会让人沉静下来的好地方，难怪会吸引众多游人前来探访。

大林寺桃花 ［唐］白居易

人间四月芳菲尽，山寺桃花始盛开。
长恨春归无觅处，不知转入此中来。

原来春天还没离开，它悄悄地躲在大林寺里！

唐元和十年（815年），白居易被贬到江州（今江西九江）任司马。他一度心情郁闷，幸好风景秀丽的庐山给他带来了不少安慰。

有一天，白居易和朋友一起去庐山大林寺游玩，当时已是晚春初夏时节，山下的桃花早已凋谢，可大林寺里却桃花盛开，这让白居易感到十分不解。他带着惊喜与疑惑写成这首诗，引发了人们探讨的兴趣。

宋代科学家沈括小时候读到《大林寺桃花》时，怀疑是白居易弄错了。等他长大后，去山上考察，亲眼见到了桃花盛开的景象，才知道原来是自己错了。

原来，大林寺海拔较高（1100—1200米），平均气温比山下低。白居易游大林寺时，山下已经比较炎热，桃花早已凋谢，而山上的气温才刚达到春天的程度，正适合桃花开放，所以才会出现诗中描写的画面。

白居易诗中的大林寺，原本位于庐山大林峰，据说是在公元390年，由高僧慧远大师的徒弟昙诜（tán shēn）修建的。那时候大林寺规模较大，与西林寺、东林寺并称庐山三大名寺。到了唐代，大林寺成为中国佛教圣地之一，香客、游人络绎不绝。

但很快，大林寺由盛转衰。白居易来这里游玩时，大林寺已经没有以前那么风光了，白居易还写了一篇题为《游大林寺序》的文章，对此感慨了一番。据他描述，当时大林寺人迹罕至，但寺庙周围的环境非常优美，有清澈的流水、青色的岩石、矮小的松树和细瘦的竹子，大林寺身处其中，显得仙气十足。由于山高地深，季节转换得很迟，时令上是初夏，天气却是乍暖还寒，梨树、桃树刚刚开花，山涧中的青草还没长高，景色宜人，可惜没人前来欣赏。

此后，大林寺多次被毁，又多次重建，但规模始终没能超过唐代。后来，因为兴修水利等原因，大林寺被拆除了，原来的寺庙遗址也湮没在人工开凿的如琴湖中。如今想要寻访大林寺，只能去花径公园，那里又被称为"白司马花径"，正是白居易当年赏桃花的地方。

1928 年，人们曾在这里发掘出刻有"花径"二字的石碑，经专家考证，认为该石碑是白居易亲笔所题。于是，人们就在这里建了花径亭、白居易草堂陈列室等建筑，还补种了几百棵桃树，以重现当年的桃花胜景，让后人也能在这里体会白居易当年的感受。

夜宿山寺　　[唐]李白

危楼高百尺，手可摘星辰。

不敢高声语，恐惊天上人。

　　李白的诗歌常常用到夸张的艺术手法，写山寺之高，就要借用"天上"来当参照物，把大家的视线引向星河灿烂的高空，引向想象中的"天上仙人"，这样一来，山寺的"高"就不言自明了。

　　很多人都说这首诗中的"山寺"指的是山西省大同市恒山西侧翠屏峰的悬空寺。据说李白来游玩的时候，不但写下了名诗，还留下了"壮观"两个字，或许是他当时太激动、太震惊了，才会在"壮观"上多写了一点，从这也可以看出悬空寺是多么奇险巧绝。

　　悬空寺始建于北魏年间，距今已有 1500 多年的历史了，有 40 间殿阁，彼此之间用曲折回环的栈道相连。最高处的殿阁底部距离下方的河谷约 90 米，相当于 30 层楼那么高，让人有"危楼高百尺"的感觉。因为地势特殊，建筑面积有限，因此寺里的走廊、楼梯都十分狭窄，很多地方只能容纳一个成年人通过。

　　人们看到悬空寺的样子后，都会好奇：这些建筑物为什么能"悬挂"在悬崖峭壁上呢？原来，古代的能工巧匠对悬空寺的建筑构造进行过精心设计，用精巧的结构支撑起了建筑。在建筑下方，有一根根细长的柱子，它们是立木，起辅助支撑的作用。

横梁

立木

　　悬空寺中起主要支撑

作用的是横梁，也就是在立木和建筑连接处的那一根根长而宽的梁木。工匠们利用简陋的工具在岩壁上打出两米多深的石孔，再把直径约 50 厘米的横梁一根根插进去，只留在外面 1 米长，这样就构成了一个强有力的杠杆，可以稳稳地托住上方的建筑。

安置好横梁后，工匠们在横梁上铺上走廊，再通过绳索把建筑材料运上高空，然后一点点"组装"出整个建筑。

为了减轻建筑的重量，工匠们尽可能采用轻便的材料和简单的设计，就连寺庙的佛像也被"简化"成了"脱纱佛像"。简单地说，就是先用泥做出形体，再在形体外面一层层裹上浸泡过生漆的麻布；晾干后掏空内部的泥胎，这样就做成了一座空心的佛像；之后再对其进行打磨、上色、贴金，最终制成的佛像一座只有两斤多重。

除了建筑结构外，悬空寺的选址也很巧妙。它仿佛镶嵌在石崖中间，上方突出的崖壁像一把伞，帮它挡住了山洪、暴雨的冲击。

周围的山壁也起到了遮蔽和保护作用，能够避免悬空寺被太阳直射、山风直吹，所以它才能够完好地保存下来。现在人们来到这里，看到悬空寺那壮观、奇特的身姿，仍会为古人高超的建筑技艺惊叹不已。

三 佛塔石窟

佛塔高耸入云，庄重肃穆，一砖一瓦都透露出历史的厚重；石窟内壁画精美，人物栩栩如生，仿佛在诉说着古老的传说。这些佛塔石窟，不仅是艺术的瑰宝，更是中华民族的宝贵文化遗产。

与高适薛据同登慈恩寺浮图（节选）

［唐］岑参

塔势如涌出，孤高耸天宫。

登临出世界， 磴^{dèng} 道盘虚空。

突兀压神州， 峥嵘^{zhēng róng} 如鬼工。

四角碍白日，七层摩苍穹^{qióng} 。

唐天宝十一年（752年）秋，诗人岑参从边塞回到长安，和高适、薛据、杜甫、储光羲（xī）等好朋友一起游玩。他们来到大慈恩寺，看见那巍峨的宝塔气势雄伟，不禁诗兴大发。高适率先写了一首诗，其他人也纷纷相和。岑参的作品运用了丰富的想象和夸张的手法，把宝塔拔地凌空的雄姿和登临宝塔所看到的壮丽景色生动地展现了出来，赢得了朋友们的一致称赞。

岑参在诗中极力描写和歌颂的宝塔就是著名的大雁塔，位于唐代长安城晋昌坊（今陕西西安城南）的大慈恩寺内，也叫"慈恩寺塔"，是现存最早、规模最大的唐代四方楼阁式砖塔。说起它的修建，就不得不提到玄奘（zàng）大师。

阿弥陀佛！
贫僧也算是不虚此行。

西汉末年，佛教和佛经通过丝绸之路传入我国。可大家看不懂"外语"，甚至有一些翻译过来的佛经还有错误。到了唐代，僧人玄奘决定亲自去求取真经。

可是想要"出国"，得先准备好"护照"，也就是唐代的"过所"（通关文牒）。玄奘认认真真地写了申请，却没被批准。无奈之下，他只好选择"偷渡"，一路上绕道过关，终于到达了印度，并在那学习了多年佛法，然后带着 657 部佛经满载而归。

回到长安后，玄奘得到唐太宗李世民的召见，成了大家眼中的"得道高僧"。公元 652 年，他在大慈恩寺里主持修建大雁塔，专门用来保存从印度带回来的佛经、佛像和舍利。

据说，"大雁塔"这个名字和一个佛教故事有关。传说，摩揭陀（tuó）王国（位于今印度境内）有个破败的寺院，里面的僧人好些天没饭吃了，有个僧人饿得前胸贴后背，恰好看到天上有大雁飞过，便自言自语："求菩萨保佑，赏顿饭吃吧！"谁知话音刚落，大雁就从天上坠落，刚好掉在僧人脚下死去了。

从那以后，"大雁舍身而死"的故事就传开了。人们在大雁坠落的地方建了一座塔，玄奘曾经去瞻仰过。后来他主持建造大雁塔的时候，就参考了这座塔的风格。

大雁塔最初只有五层，后来加盖到了九层，最后固定为七层，样式也越来越接近本土的宝塔。在唐代，大雁塔是长安城里最高大显眼的地方，岑参来到这里，从下向上仰望，只见巍然高耸的宝塔拔地而起，仿佛从地下涌出，以不可阻挡的气势直达天宫。他颇受震动，便提笔写下了"塔势如涌出，孤高耸天宫"的名句。

唐代以后，大雁塔历经修缮、维护，现存的是明代修复的塔，高60多米；内部是数十根木柱和对应的横梁形成的筒状结构，木柱的数量随着塔身的增高不断减少；外部则由平均厚度达6米的内外两层青砖筑成。

由于砖砌成的塔身比较厚重，所以塔的内部空间显得比较狭小。为了便于行走，塔内又安装了螺旋形上升的直角木梯，人们沿着梯子可以到达大雁塔的任意一层。

如今，大雁塔是西安市的地标性建筑，吸引了无数游人前来参观游玩。在大雁塔，人们既能近距离体验岑参在诗中描写的壮观景象，又能回顾玄奘大师西天取经的巨大成就。建筑与文化结合而成的奇观令人惊叹不已。

关中八景·雁塔晨钟　　[清]朱集义

chēng hóng

噌 吰初破晓来霜，落月迟迟满大荒。

枕上一声残梦醒，千秋胜迹总苍茫。

清代诗人朱集义喜欢吟诗、写文章，也爱四处游历。每次遇到美好的景致，他就会细细品味、反复琢磨，然后写出一首好诗。他曾经写过一组描绘"关中八景"的诗歌，描写了今陕西省中部八处有名的景点。这首"雁塔晨钟"描写的就是西安荐福寺里的小雁塔和荐福寺钟楼内的古钟。这是一口 8 吨重的大铁钟，僧人们每天清晨都会敲响铁钟，那洪亮的钟声在城内外回响，惊醒人们的残梦。

至于小雁塔，之所以会叫这个名字，是因为它和大雁塔外形相似，但规模稍小。说起它的诞生，就得提到唐朝另一个有名的僧人——义净大师了。

义净和玄奘的经历非常相似，他也有过去西天取经的壮举。不过，和玄奘的"徒步旅行"相比，义净的旅程可以算是"进阶版"，因为他是通过海上丝绸之路去的。

公元 671 年，义净从齐州（今山东济南）出发，一路南下。到达广州后，他坐上了一艘波斯商船，通过海路前往波斯等国家，交通效率一下子提高了很多。

义净取经的过程用了 25 年，足迹遍布 30 多个国家。他回国的时候，带回了约 400 部经书，还在自己的著作里介绍了海上丝绸之路的见闻。为了保存这些宝贵的佛经、佛图，人们决定在荐福寺内造一座佛塔，这就是小雁塔，也称为"荐福寺塔"。

小雁塔呈方形，本来是 15 层的密檐式砖塔，现在只剩 13 层，高 40 多米，由塔基、塔身和塔顶三部分组成。

小雁塔曾经历过多次地震，却始终屹立不倒，而且还引发了一个"三离三合"的故事：在明朝成化年间，长安地区发生了强烈的地震，把小雁塔的塔身震裂了，裂缝有一尺多宽。人们虽然对小雁塔进行了修缮，但没能修复裂缝。直到30多年后，又一场大地震突然袭来，那裂缝居然合拢了。人们都觉得很不可思议，甚至有个官员还把这件事称为"神合"，并把这件奇事刻在了小雁塔的门楣（méi）上。没想到同样的事情之后又发生了两次，"三离三合"的故事因此越传越远。

为了解开小雁塔之谜，当代的建筑学家和地质学家反复研究发现，古代的工匠虽然没有先进的工具，但很擅长根据地质情况合理地设计建筑的结构。他们知道当地的黄土质地比较松软，担心小雁塔的塔基不够稳定扎实，就把塔基筑成了一个巨大的半圆球体，塔心厚而周围薄。遇到地震的时候，压力会均匀地分散开来。

另外，小雁塔的墙体特别厚实，厚度达到9米，结构上小下大，内部中空。在地震中，整座塔可以像不倒翁一样摇摇晃晃，却不会倒下。至于所谓的"神合"，可能是人们的一种错觉。由于塔身的裂缝存在的时间太长，植物种子随风飞入缝隙后，在此生根发芽，挡住了光线，因此远远望去，好像裂缝合拢了一样。

塔基

也是因为小雁塔设计合理、工艺精湛，我们才能在1000多年后欣赏到"雁塔晨钟"这一景，感受朱集义在诗中描写的意境。

木兰花慢　[宋] 周密

塔轮分断雨，倒霞影、漾新晴。

看满鉴春红，轻桡占岸，叠鼓收声。

帘旌。半钩待燕，料香浓、径远趱蜂

程。芳陌人扶醉玉，路旁懒拾遗簪。

郊坰。未厌游情。云暮合、谩消凝。

想罢歌停舞，烟花露柳，都付栖莺。

重闉。已催凤钥，正钿车、绣勒入争门。

银烛擎花夜暖，禁街淡月黄昏。

　　周密是宋末元初的词人，他的词风格秀雅，字句精美，深受人们的喜爱。他在杭州生活过很长时间，对西湖十分喜爱，曾写下十首词，分别描绘了"西湖十景"。这首词就是其中之一，写的是西湖十景之一的"雷峰夕照"。

　　在他的笔下，夕阳西下，雷峰塔仿佛披上了彩色的晚霞，耀眼夺目，那美丽的塔影倒映在湖面上，别有一番风味。

　　词中的雷峰塔，地处西湖南岸的夕照山上，是吴越国国君钱俶在太平兴国二年（977 年）主持修建的佛塔。据说，钱俶十分宠爱的妃子去世了，他便命工匠建造佛塔寄托自己的哀思，所以雷峰塔最早叫"皇妃塔"。也有说法是钱俶为了庆祝宠妃生下皇子才建了佛塔。

　　不过，钱俶肯定不会想到，让雷峰塔闻名天下的竟是一个民间传说故事《白蛇传》。相传，修炼千年的蛇妖白素贞为了报答书生许仙前世对她的救命之恩，化为人形后与他结为夫妻。但金山寺的和尚法海却百般阻挠，白素贞最后被法海收入金钵（bō）中，镇压在雷峰塔下。法海还说，"西湖水干，江湖不起；雷峰塔倒，白蛇出世"。后人对这段故事进行了各种各样的改编，白蛇成了善良、美丽、敢于追求幸福生活的代表，法海则成了不通人情世故、拆散他人家庭的反面角色。故事中的雷峰塔也因此家喻户晓，名气远远超过离它不远的保俶塔和六和塔。

　　北宋时，雷峰塔曾经遭到严重损坏。到了南宋，人们对它进行了重修。新塔金碧辉煌，在黄昏时与落日相映生辉，于是就有了

"雷峰夕照"的美称。可惜到了明代，雷峰塔遭受火灾，只剩下砖砌的塔心。后来，由于塔砖被盗挖过多，再加上塔址附近造屋打桩，引起地面震动，雷峰塔在 1924 年轰然倒塌。

1935 年，建筑学家梁思成提出重建雷峰塔的构想，但直到 2002 年，雷峰塔才得到重修，"雷峰夕照"也因此得以重现。

雷峰塔建在旧址上，既保留了旧塔被烧毁前的楼阁式结构，又增加了铜瓦、铜柱、铜梁等铸成的坚实"外衣"，"披"在塔身的钢结构上，它因此成为我国首座彩色铜雕宝塔。

雷峰塔由台基、塔身和塔刹三部分组成。台基有两层，底层用坚硬的深红色山土筑成，高约两米，平面呈八角形，外围包砌着石灰岩基石；台基二层是雷峰塔内部最大的空间，也是观赏雷峰塔遗址最好的位置。塔身有五层。第一层正门上悬挂着书画家启功先生题写的"雷峰塔"三字金匾。其余各层陈列着很多雕刻作品，其中有描绘《白蛇传》的壁挂木雕作品，也有赞美雷峰塔和"雷峰夕照"的诗刻作品。雷峰塔的第五层还有运用精湛的贴金艺术制成的金色穹（qióng）顶。穹顶中心是一朵硕大的莲花，穹顶上方还有暗阁，放置着纪念文字和物品，如新雷峰塔仿真模型等。

现在，人们可以登上雷峰塔，在观景平台上俯瞰西湖山水和城市风光；也可以在离塔较远的地方找一个合适的角度，在日落时分观赏"雷峰夕照"，感受周密在词中描写的优美脱俗的意境。

塔刹

塔身

台基

同乐天登栖灵寺塔　　[唐]刘禹锡

步步相携不觉难，九层云外倚阑干。

忽然笑语半天上，无限游人举眼看。

我听见有人
在天上说话
……

唐代诗人刘禹锡和白居易是心心相印的好朋友，经常互相赠诗。常有白居易先写一首诗，刘禹锡便以同样的题材再作诗相和的情况。据说，他们的唱和诗数量很多，还被后人编成了一本《刘白唱和集》。

有一次，他们在扬州相遇，一起登上栖灵塔，白居易忽然产生了作诗的雅兴，随口吟诵道："半月悠悠在广陵，何楼何塔不同登。共怜筋力犹堪在，上到栖灵第九层。"刘禹锡想了想，马上念出了自己的唱和诗，就是这首《同乐天登栖灵寺塔》。

在诗中，刘禹锡用幽默的语气说，跟朋友一起登塔，觉得并不是很困难，可登上九层后，倚着栏杆俯瞰，才感觉到自己好像是在云层之中，就连谈笑声都像是从半天上发出的，引得下面的许多游客纷纷抬头往上面看……

和白居易的诗相比，刘禹锡的这首诗在气势上更胜一筹。诗中没有一个"高"字，却把栖灵塔那高耸入云的雄姿表现得淋漓尽致。难怪人们都夸这座塔是"中国之尤峻特者"！

栖灵塔位于今江苏省扬州市大明寺内，始建于隋代。当时隋文帝为庆祝自己的六十大寿，挑选了30个风景秀丽、环境清幽的地方，建了 30 座宝塔供奉佛宝舍利子。栖灵塔就是其中之一。栖灵塔有九层，看上去雄伟壮观。

在唐代，栖灵塔曾经风光一时。除了让这座宝塔闻名天下的刘禹锡和白居易，诗人李白、高适、刘长卿等也曾登上过栖灵塔。

然而，在唐武宗会昌三年（843 年），栖灵塔毁于一场大火。到了宋代，僧人们想办法筹到了一些资金，建造了一座七级宝塔，可这座宝塔在南宋时被毁，大明寺里从此只留下栖灵塔的遗址。

现在的栖灵塔是在 20 世纪 90 年代重建的，工程人员仿照唐代佛塔的风格，建成了一座九级方形佛塔。塔下设有 4 米深的地宫，地宫上是 2.5 米高的承台，承台上的塔身和塔尖总高度达到 70 米。

本来按计划要将塔身修建成木塔，但由于当时没有那么多符合要求的杉木，工程人员只好更改方案，把钢筋混凝土结构和木结构合理组合。这一建造方案让宝塔变得更加坚固。

远看这座塔，塔身上的门、窗、围栏等都是方方正正的，就连塔檐都是又大又平，显得十分庄重、威严；塔的第三层四面各悬挂一块长方形的蓝底金字匾；每层四角的飞檐下还垂有风铃，清风吹来时风铃叮当作响，与塔内传出的梵（fàn）音浑然一体。

这座宝塔是扬州瘦西湖景区内最高的建筑，登临塔顶，不但能够体会到刘禹锡在诗中描述的"九层云外倚阑干"的感受，还能极目远眺，把瘦西湖及扬州城的美丽景色尽收眼底。

23 重开千佛刹·莫高窟

莫高窟咏 ［唐］佚名

雪岭干青汉，云楼架碧空。

重开千佛刹，旁出四天宫。
<small>chà</small>

瑞鸟含珠影，灵花吐蕙丛。
<small>huì</small>

洗心游胜境，从此去尘蒙。

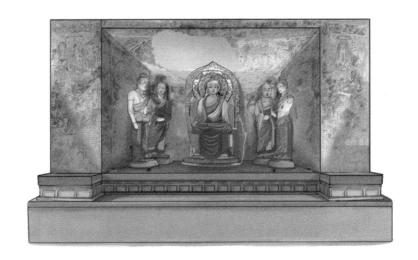

这首诗出自《敦煌廿（niàn）咏》。《敦煌廿咏》是一组五言律诗，来自莫高窟藏经洞，主要描写敦煌的山川风物和历史人物。这组诗前还有一个小序，大意是说，作者是从外地来的，在敦煌已经生活了二十多年。但作者到底是谁，却不得而知。我们只能猜测他可能是一位唐代的失意文人，也可能是被贬到这里的官吏。

作者的心情本来是比较郁闷的，可是来到敦煌后，刚好遇到李克让（敦煌人，曾做过大将军）修葺（qì）莫高窟，他亲眼见到了莫高窟的宏伟气势和优美环境。从一句"洗心游胜境，从此去尘蒙"，就能看出他的烦恼、委屈已经一扫而光，心情也变得轻松起来。

诗中的莫高窟，位于今甘肃省敦煌市东南25公里处鸣沙山东麓的断崖上。它始建于十六国时期，据《李君修慈悲佛龛碑》记载，最早在此处开凿石窟的是一个叫乐僔（zūn）的和尚。

有一天，乐僔无意中看到敦煌附近的鸣沙山上有金光闪耀，认为那是千佛闪现的奇迹。他激动不已，到崖下的岩壁中凿出一个洞窟，自己住了进去，每天在里面念经拜佛。从那以后，很多人都向他学习，在山上开凿了大大小小的洞窟。有的洞窟又小又窄，只能容纳一个人在里面禅修；有的洞窟却被装饰得非常精美，里面还有很多佛像和壁画。

后来，人们把佛像的体积越修越大，其中最大的北大像足有35.5米高。人们还围绕着这座像，依着山崖建造了40米高的木架子，名叫"九层楼"，因为远远看去，它就像是一座雄伟的楼阁。拥有了这么神气的佛像，鸣沙山这个名字就显得不够威风了，于是人们给它改名叫"莫高窟"，意思是"沙漠的高处"，也指"没有比佛窟更高的地方"。

此后，不断有人在这里建佛窟。据说到唐朝武则天时，莫高窟已经有一千多个洞窟了。这首诗提到的李克让修葺的石窟是第332窟，当时还留下了一块石碑，记录了莫高窟的起源和李克让修窟的功德。

可惜后世战乱频仍，吐蕃（bō）、西夏等一个接一个地占领河西走廊，封锁了交通。商人们无奈之下，只得从海上丝绸之路出发，去和别的国家做生意。

于是敦煌慢慢"失宠"了。到了明朝，嘉峪关被封闭，这让敦煌变得越来越冷清，只有游牧民族才会光顾。莫高窟也没人管理了，被破坏得很严重。直到清朝末年，有个叫王圆篆（lù）的道士在这里清理沙石，意外发现了藏经洞，才让莫高窟的命运发生了改变。

王圆箓把自己的发现报告给了官府，却没人理睬。一些外国人听说了这个消息，马上想到藏经洞里有宝贝，他们找到王圆箓，用欺骗的办法，以很低的价钱买走了许多珍贵的文物。这些文物在国外引起轰动，也让敦煌和莫高窟在时隔多少个世纪之后，再次在国内"走红"。

现在，敦煌莫高窟有洞窟 735 个，其中尚存壁画和雕塑作品的有 492 窟，壁画 4.5 万多平方米，彩塑像 2400 余尊……这些文物不仅反映了古代建筑、彩塑、壁画艺术的水平，还为我们提供了珍贵的历史和文化资料，因而成为无可替代的一项世界文化遗产。

山 寺 ［唐］杜甫

野寺残僧少，山圆细路高。

shè
麝香眠石竹，鹦鹉啄金桃。

乱水通人过，悬崖置屋牢。

上方重阁晚，百里见秋毫。

　　唐肃宗乾元二年（759年），杜甫毅然辞去官职，带着家人辗转来到秦州（今甘肃天水）暂居。在一个秋高气爽的日子，他游览了当地有名的麦积山，写下了这首诗歌。虽然诗名叫"山寺"，但是寺本身并没有什么看点，令杜甫啧啧称奇的其实是麦积山独特的山形、山势和建造在悬崖峭壁上的石窟。

　　麦积山位于甘肃省天水市麦积区，因形状有些像农家的麦垛，所以才有了这个名字。据说，麦积山上冬暖夏凉，到了秋天下起细雨的时候，麦积山还会出现云烟缭绕的景象，所以被称为"秦地林泉之冠"。

　　当然，麦积山上最大的奇观就是那数不胜数的石窟。从十六国时期的后秦开始，就有人在这里开凿石窟了。杜甫到这里游览时，麦积山石窟已经有了不小的规模。这些石窟建在20米到80米高的峭壁上，远远看去，好像是一个巨大的蜂房。石窟的样式各不相同，有的大，有的小，有的浅，有的深，有的还修成了殿堂、屋宇的样式，窟与窟之间全由架在崖面上凌空的栈道相连。

　　在这么艰险的地方，是怎么修出石窟的呢？杜甫用

一句"悬崖置屋牢"，逼真地描绘出了开凿工程的困难。为了在悬崖峭壁上修建石窟，人们不得不先修栈道，后开凿石窟。据说，当时要先把木材堆到 80 米高处，再从高向低修建栈道，所以又有"砍完南山柴，修起麦积崖"的说法。

在麦积山石窟中，有很多石雕和泥塑。传说古代有一个和尚想要弄清楚麦积山石窟里到底有多少尊佛像，于是他艰难地爬上了崖壁，开始了漫长的清点工作。

他担心自己数不清楚，就准备了一些红纸，每数到一尊佛像，就在佛像的额头上贴一片红纸。可是第二天早上他过来接着数时，却发现之前贴的红纸都不见了。他觉得这件事十分奇怪，就又试了很多次，但每次都会出现同样的结果。最后，他只好宣布放弃，同时告诉大家，麦积山上的佛像是数不清的。

当然，这只是个有趣的传说，麦积山石窟的佛像并没有那个和尚想象的那么神秘，人们早就清点了石窟中各类造像的数量，一共有 10632 座。这些雕像大的有 16 米高，小的只有 10 多厘米高。工匠们在塑造雕像的时候，还使出了浑身解数，雕刻出了凸出墙面的"浮雕"、与墙面彼此分离的"圆雕"，还有贴在墙壁上的"壁塑"。难怪麦积山石窟会被誉为"东方雕塑博物馆"！

除了雕像外，这里还有约 979.54 平方米的壁画，可以说是"有龛（kān）皆是佛，无壁不飞天"。

值得庆幸的是，这座艺术宝库虽然经历了多次灾难，但是没有遭到大的损毁。这主要是因为麦积山处在比较偏僻的地方，交通不便，不容易受到战争的波及。而且麦积山山体坚固，虽然栈道在地震中遭到了破坏，但石窟里的各种雕像保存得比较完好，给我们留下了一笔宝贵的文化遗产。

陵寝墓地

古代帝王、名人的陵寝墓地，在古诗词中的"出镜率"也很高。这一座座沉默的古建筑，记录下了工匠们的杰出创作，反映了当时建筑的水平。那些珍贵的陪葬品也成为历史的见证，让我们得以窥见那些遥远而神秘的岁月……

过始皇墓　　　［唐］王维

古墓成苍岭，幽宫象紫台。

星辰七<ruby>曜<rt>yào</rt></ruby>隔，河汉九泉开。

有海人宁渡，无春雁不回。

更闻松韵切，疑是大夫哀。

唐开元元年（713年），只有十多岁的王维离开家，准备到长安游学。他路过长安郊外骊山脚下的秦始皇陵时，写下了这首诗。

在诗中，王维挥洒笔墨，描写了秦始皇陵宏大的规模：那陵墓像山岭一样高，墓穴像一座地下宫殿。陵墓里面有明珠做的日月星辰、水银做的江海和金银做的大雁，可谓奢华到了极点。

王维的这首诗引起了人们对秦始皇陵的讨论。那么，现实中的秦始皇陵到底是什么样的呢？

它是我国历史上第一个皇帝陵园，也是世界上规模宏大、结构奇特、埋藏丰富的帝王陵墓之一，位于今陕西省西安市四季常青、景色优美的骊山脚下。为了修建这座陵墓，秦始皇发动了大量人力，耗费了无数资金，从秦王政元年（前246年）就开始修建，直到秦二世二年（前208年）才竣工，总计花费了38年。

这座宏大的陵墓仿照了咸阳宫的布局，建造了内外两重城垣（yuán），城垣四面还有高大的城门。在内城中部偏南的地方，就是陵墓的核心部分——秦始皇陵冢（zhǒng），包括地上的封土堆和地下的宫城（地宫）。

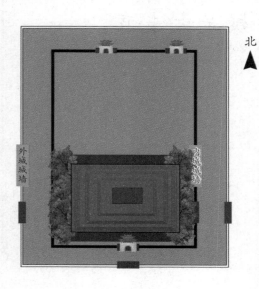

封土堆远看像一座小山，而地宫就在封土堆的正下方，王维描写的就是地宫

里的情景。在那里，能工巧匠用各种机关和灯火来模拟自然界的景象，打造出了一个微缩的"地下王国"。地宫里弥漫着有剧毒的水银蒸气，不但能够保护陪葬品，还能阻隔他人进入。

在秦始皇陵外城以外、内外城之间和内城以内，均分布着大量的陪葬墓和陪葬坑，现在已经探明的有400多个，其中最著名的就是兵马俑坑。

目前，已经发现的兵马俑坑共有3个，分别排列着不同的军阵和兵种，埋藏着大量的陶质兵马俑、木质战车和青铜兵器。其中的一组两乘大型彩绘铜车马，是我国出土文物中时代最早、驾具最全、级别最高、制作最精的青铜器珍品，被称为"青铜之冠"。

当然，最吸引人的还是那些神态各异的陶俑，他们的头发是一根根刻出来的，眉眼口鼻的每一处细节都很逼真，身上穿的铠甲密密层层……有的兵马俑连额头上的抬头纹、鞋底的针脚都能看得一清二楚。

　　他们现在看上去"灰头土脸"的，其实最初也有鲜艳的颜色，只是经过了两千多年，颜料变质，再接触到空气，就会快速褪色，所以才会变成现在的样子。

　　这些早已享誉海内外的兵马俑被称为"世界第八大奇迹"，它们不但是我国古代雕塑艺术的杰作，也是世界文化遗产的瑰宝。

茂 陵 ［唐］李商隐

汉家天马出蒲梢，苜蓿^{mù xu}榴花遍近郊。

内苑只知含凤嘴，属车无复插鸡翘。

玉桃偷得怜方朔^{shuò}，金屋修成贮阿娇。

谁料苏卿老归国，茂陵松柏雨萧萧。

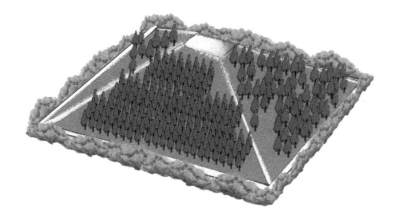

唐代诗人李商隐在外漂泊多年，晚年返回京城时，曾经过汉武帝的陵寝——茂陵。李商隐想起汉武帝的一生功过，感慨不已，写下了这首诗。

汉武帝是一位伟大的帝王。他在位时，派卫青、霍去病多次出击匈奴，迫其远徙漠北；还派使者张骞打通了丝绸之路，让西域的水果、农作物能出现在中原……在他的领导下，国家变得越来越强大。可是，他也有不好的一面，迷恋打猎、四处出游、热衷求仙等，种种做法和当时的唐武宗非常相似。李商隐在诗里点评汉武帝的功过，其实是在委婉地批评唐武宗，希望君王不要贪图享乐，要把精力放在治理国家上。

汉武帝去世后，被葬在茂陵。传说，汉武帝在打猎时，在槐里县（今陕西兴平）茂乡附近发现了一只麒麟状的动物和一棵长生果树，便认定这里是风水宝地，于是下诏在这里修造自己的陵墓。陵墓工程极为浩大，光建设工期就达到 53 年之久，当时全国赋税收入的三分之一都花在了这上面。

建成后的茂陵，远远望去，就像是一座巍峨（wēi é）的大山。这是陵冢的封土堆，全部用夯（hāng）土筑成，四周呈方形，有 40 多米高，形状像一个倒扣的斗，显得庄严稳重。

封土堆之下是茂陵的地宫，里面的陪葬品极为繁多，其中很多都和西域文化有关。就拿陵墓中的鎏（liú）金铜马来说吧，它就是按照西域大宛（yuān）马的样子铸造而成的。大宛马也叫"汗血宝马"，相传这种马能够日行千里，流出的汗是血红色的，十分神奇。

汉武帝曾经派使者带着财宝和金马，到大宛国去交换汗血宝马。可是傲慢的大宛王却毫不客气地拒绝了使者，这可惹怒了汉武帝，他派出"贰师将军"李广利率兵攻打大宛。四年后，大宛惨败，只能乖乖地献出 3000 匹好马。汉武帝对这种马十分喜爱，叫人按照汗血宝马的形貌制作了铜马、陶马和玉马以随时玩赏，这才留下了像鎏金铜马这么珍贵的文物。

茂陵还出土过刻着希腊文的铅饼和穿着西域服装的陶俑，它们都是丝绸之路文化交流的产物。

在茂陵周围，还有一些陪葬墓，像大将军卫青和骠（piào）骑将军霍去病就被安葬在这里。他们都是汉武帝时的猛将，曾经多次带兵抗击匈奴，打通了从河西走廊到罗布泊一带的交通路线，保卫了丝绸之路的畅通。为了表彰他们的功绩，汉武帝特意将他们的陵墓安排在茂陵旁边，还在霍去病墓前布置了很多石人、石兽。

霍去病墓前有件名叫"马踏匈奴"的石刻特别引人注意，它雕刻的是一匹膘肥体壮的骏马把一个匈奴士兵踏倒在地的场景。只见匈奴兵仰卧在地上，蜷曲着双腿，头发散乱着，看上去十分狼狈。这尊石刻从侧面说明当时汉王朝军事实力强大。

将赴吴兴登乐游原一绝 ［唐］杜牧

清时有味是无能，闲爱孤云静爱僧。
欲把一麾江海去，乐游原上望昭陵。

杜牧不但诗写得好，还懂兵法，曾根据当时的边疆形势写过应对策略，被宰相李德裕采用。然而，杜牧被卷入朝堂争斗，不得不远离长安。他虽有将相之才，但不能为国出力，难免心情郁闷。

唐大中四年（850年），杜牧主动请求调到吴兴（今浙江湖州）做官。临别前，他登上乐游原（在长安城南，是当时著名的风景区），把心中的烦恼写进这首诗中。诗的前两句初读起来有一种很闲适的味道，可细细琢磨却让人觉得很讽刺——有才华的人本应施展抱负，为国家和人民做贡献，可杜牧却说自己有闲情逸致去赏玩孤云、寻访僧居，可见还是"无能"。这表面上是在自嘲，其实是愤激的反语，是杜牧对当时的统治者不知道爱惜人才的嘲讽。

在诗的后两句中，杜牧笔锋一转，写自己要去湖州做刺史了，但临别时却有些不忍离去，只能登上乐游原，向西遥望唐太宗李世民的陵寝——昭陵。

唐太宗是一名知人善任的皇帝，在位期间出现了政治清明、经济复苏、文化繁荣的社会局面，被称为"贞观之治"。杜牧想必对此十分向往，他望向昭陵，想想当年的盛世，再看看当前国家衰败的局势和自己"被迫"闲散的处境，不由得感慨自己生不逢时。

让杜牧遥望的昭陵位于陕西省咸阳市东北九嵕（zōng）山上，由唐代著名建筑师兼画家阎立德、阎立本兄弟设计。昭陵开创了唐代帝王陵寝"因山为陵"的先例。因山为陵，就是选择自然山峰，从旁边凿洞作为墓道，在山峰的底部修造地下宫殿。

昭陵从墓道至墓室深约230米，前后有5道石门。地宫富丽宽敞，与长安的宫殿差不多。墓道两侧设有东西两厢，里面放置着石柜，柜内有装殉（xùn）葬品的铁匣。陵山上还有为护陵人员修建的游殿和房舍，以及沿山崖修建的栈道。

昭陵周围还有多座陪葬墓，唐代很多有名的文臣、武将，如长孙无忌、魏徵、房玄龄、秦琼等都葬在这里。这些陪葬墓呈扇面状分布在陵山两侧和正南面，很像当年长安城的布局，帝王居北，朝臣贵戚的府邸（dǐ）在南，体现了帝王至高无上的权力。

昭陵还有"昭陵六骏"浮雕像，雕刻的是陪伴李世民南征北战的六匹战马。这些雕像姿态、神情各异，看上去栩栩如生，显示出唐代雕刻作品的精湛程度。

在我国历代帝王的陵园中，昭陵是规模最大、陪葬墓最多的一座，也是唐代具有代表性的帝王陵墓，被誉为"天下名陵"。现在我们也可以登上昭陵，在感受帝王陵墓宏伟气势的同时，体会杜牧诗中那种悲愤、无奈的心情。

秣陵怀古　mò

［清］纳兰性德

山色江声共寂寥，十三陵树晚萧萧。

中原事业如江左，芳草何须怨六朝。

　　题目中的"秣陵"指的是今南京,是历史上的"六朝古都",明太祖朱元璋就是在这里建都的,后来明成祖朱棣(dì)把都城迁到了北京。

　　明朝灭亡后,很多清代诗人都写过南京怀古的作品,表达了忧伤之情。纳兰性德却与众不同,他认为,明朝和六朝那些一个接一个覆亡的小朝廷一样,都是由于自身昏庸腐朽最后才灭亡,所以不必为它们忧伤、哀悼。这种独特的观点得到了大家的肯定,也让这首诗名扬天下。

　　纳兰性德在诗中提到的"十三陵",指的是明朝皇帝的陵寝,它并不在南京,而是在今北京市昌平区天寿山南麓。有意思的是,明朝一共有十六位皇帝,可皇陵却叫"十三陵",这是怎么回事呢?

　　原来,明朝有三位皇帝并没有被安葬在十三陵中。第一位就是开国皇帝朱元璋,他的陵寝是明孝陵,在南京的紫金山南麓;第二位是朱元璋的孙子朱允炆(wén),他只做了四年皇帝,还没来得及修陵寝,就在叛乱中失踪了,没有人知道他最后的去向;第三位是明代宗朱祁钰(qí yù),在哥哥明英宗朱祁镇被俘虏期间,朱祁钰当上了皇帝。朱祁镇回宫后,不但把弟弟赶下了皇帝宝座,还"取消"了他葬入帝陵的资格。

　　除了这三位皇帝,其他的明朝皇帝都被葬入十三陵,最早的是明成祖朱棣,他的陵寝叫长陵;最晚的是崇祯皇帝,他的陵寝是思陵。

　　整个十三陵陵区在一个山谷中,三面环山,自然环境非常优美。陵区内种植着四季常青的松树、柏树、橡树，让红墙黄瓦的陵寝显得更加醒目。

进入山谷，有一条长达 7000 米的主陵道，被称为"神道"。神道南端建有一座石牌坊，陵区正门就在石牌坊北边，是一座大红门，门两侧有下马碑。大红门不远处的神道中央处有碑楼，碑楼内立着高 10 米的"大明长陵神功圣德碑"。从碑楼到龙凤门的神道两侧立有两根石柱，还有 18 对石像生（帝王陵墓前安设的石人、石兽），

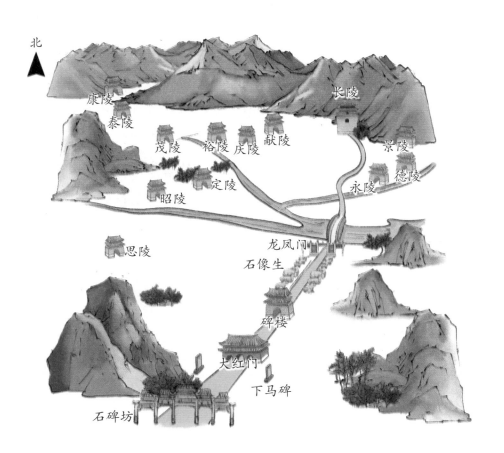

其中有立卧的狮子、獬豸（xiè zhì）、骆驼、象、麒麟等，造型各异，非常引人注目。

沿着神道一直向北走，就会来到长陵前，它是十三陵的主陵，规模最大。其余各陵也分别建在一座山前，这些陵墓建筑的布局大同小异，相邻两座陵墓的距离一般为 500—1000 米。这样能保证每座陵墓既是完整独立的，又能和其他陵墓相互衬托，显示出皇帝陵寝恢宏的气势。

仔细观察这些陵墓，我们会发现它们有不同的特点，比如明朝前期建造的陵墓都比较"节俭"，规模不大，也没有太多的装饰物，说明当时的统治者还懂得"创业"艰难，不能奢侈浪费。可到了明朝中后期，陵寝变得"铺张"起来，不但设计更加复杂，装饰也更加精美，还多了很多造型新颖的石雕。这样做肯定会花费不少国库里的白银，给老百姓造成很大的负担……从这也能看出，是统治者的奢侈、腐朽加速了明王朝的灭亡，这也正是纳兰性德想要告诉我们的道理。

谒圣林　　［明］李东阳

墓古千年在，林深五月寒。

恩沾周雨露，仪识汉衣冠。

驻跸亭犹峙，巢枝鸟未安。
bì　　　　　zhì

断碑深树里，无路可寻看。

李东阳是明代的文学家、书法家，他对儒家的"至圣先师"孔子非常崇拜，曾经专程去孔林拜谒。之后，他不但写下了情真意切的诗歌，还留下了亲笔书写的石碑，这块石碑至今还保留在孔林中。

诗中的"孔林"也叫"至圣林"，位于山东省济宁市曲阜城北，是孔子和他后人的墓地，与孔府、孔庙合称"三孔"。

鲁哀公十六年（前479年），孔子去世。弟子们悲痛万分，将他埋葬在曲阜城北的泗水之上。当时，他的墓封土只比地面略微高出一些，周围也没有建造宏伟的祠堂。

从西汉起，孔子的地位日益提高，他的墓也因此得到了重视，之后的历朝历代不断在这里植树、增修建筑，扩大墓园规模。孔子的后人去世后大多葬在这里，这使得孔林变得越来越大，到现在已经接近200万平方米，有10万余座坟冢。很多墓冢历经千年岁月，依然保存完好，这也是李东阳在诗中说"墓古千年在"的原因。

此外，孔子去世后，不断有孔子的弟子从四面八方前来，种下了数以万计的树木，所以我们能在这里看到形状各异的古木，例如柏树、桧（guì）树、柞（zuò）树、榆树等，其中最有名的是"子贡手植楷（kǎi）"。相传，孔子去世后，弟子们大多在这里守了三年墓。但有个叫子贡的弟子舍不得走，他守了6年墓，最后才依依不舍地离去。所以，人们把子贡视为尊敬师长的楷模，还保存了他所植的那棵树的树桩，并立碑纪念，碑上刻着"子贡手植楷"这几个字。

在孔林盘根错节的树木中，我们还能看到数不清的石碑，像明代的李东阳，清代的翁方纲、何绍基、康有为等书法名家都亲笔题写过石碑，这让孔林成了一座规模巨大的碑林。

如今，我们想要去拜谒孔子墓，要先穿过孔林中长达 1000 米的墓道（也叫"神道"）。墓道两边种植着苍松翠柏。据说这些树木的数量也是有讲究的，右侧有 73 棵树，象征孔子去世时享年 73 岁；左侧有 72 棵树，代表孔子门下有"七十二贤人"。

走到墓道尽头，会看到"至圣林"牌坊，这是孔林的大门。过了牌坊，还要经过石桥、甬道，才能到达孔子墓前。这里正中的大墓埋葬着孔子，东边是孔子的儿子孔鲤的墓，南边是孔子的孙子孔伋（jí）的墓。这种特殊的布局也被称为"携子抱孙"，蕴含了"人丁兴旺"的好意头。

孔林就像一座巨大的历史文化博物馆，里面的墓冢、碑林、古木都是宝贵的历史文化遗产，可以让我们更好地了解古代的文化艺术、传统风俗。

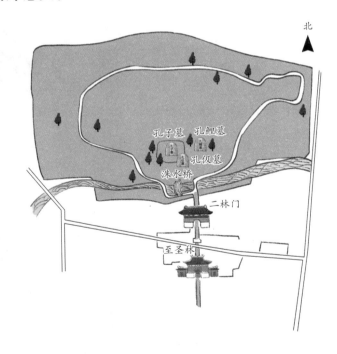

五 宫殿宅第

古诗词中的宫殿富丽堂皇，尽显皇家气派；而那些名人宅邸则充满了生活的气息。每一处在诗词中出现过的古建筑，都吸引了我们前去探索的兴趣，那里就像是一个个故事的发生地，诉说着王朝的兴衰、家族的变迁……

献封大夫破播仙凯歌六首（其一）

〔唐〕岑参

汉将承恩西破戎，捷书先奏未央宫。

天子预开麟阁待，只今谁数贰师功。

捷报——

岑参是唐朝著名的边塞诗人，写过很多脍炙人口的名篇，如《白雪歌送武判官归京》《逢入京使》等。在这首诗中，他用极其凝练的笔法记述了边塞打的一场胜仗。在战斗告捷后，将军迫不及待地把好消息上奏到朝廷。岑参在这里用"汉将"指代唐朝的将军，用"未央宫"指代唐代的朝廷。

从"捷书先奏未央宫"这个细节，不难看出未央宫在西汉是非常重要的权力中枢。在后人的诗词中，未央宫常作为汉宫的代名词，位于长安城地势最高的西南角（今陕西省西安市未央区），规模十分宏大，是当时世界上最大的宫殿。

西汉的皇帝们就居住在这座宫殿里，每天从前殿发号施令，治理天下。军队在外面打了胜仗，捷报自然会在第一时间传递到这里。

未央宫还有一个非常重要的"身份"，那就是丝绸之路的起点。当年，汉武帝打算在汉朝和西域之间开辟一条前所未有的道路，前去打通丝绸之路的张骞正是从未央宫领旨出发的。

有着如此重要的地位，未央宫在设计上自然是尽显大气、恢宏。未央宫宫城四四方方的，四面开着宫门，宫内有横贯东西的道路，把宫城分成南、中、北三个区域。

中间最重要的区域就是前殿，由前、中、后三大殿构成。前殿北边有天禄阁，它是我国历史上最早的国家图书馆；旁边还有石渠阁，它是最早的国家档案馆。《史记》的作者司马迁就是这里的常客，经常来查阅文史典籍。

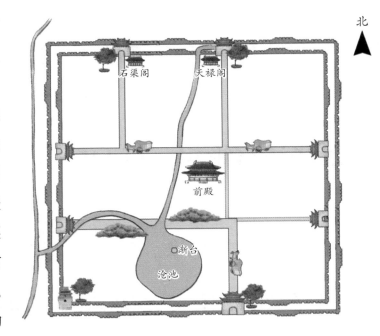

前殿的西南侧有一片巨大的人工湖，叫"沧池"，池水是从城外的漕（cáo）河引来的，不但美化了环境，还解决了未央宫内的用水问题。在开凿沧池的时候，产生了大量的土方，能工巧匠灵机一动，把它们堆成了假山，取名为"渐台"，和岸边连成一体，看起来非常壮观。

未央宫刚刚建成时，汉高祖刘邦还有些担心，觉得这样的工程是不是太过劳民伤财，主持修建未央宫的名臣萧何连忙解释说："这都是为了彰显皇上的威严和汉王朝的气势。"

可惜的是，在之后漫长的岁月中，长安经历了多次战火，未央宫屡屡遭到破坏，虽然被修复过很多次，但最终没能保存下来。

现在，我们只能看到未央宫遗留下来的地基，但它在历史上的影响依旧深远。作为丝绸之路上的第一处遗址点，未央宫被成功列入《世界遗产名录》。

过华清宫绝句三首（其一）　［唐］杜牧

长安回望绣成堆，山顶千门次第开。

一骑红尘妃子笑，无人知是荔枝来。

加油跑啊，要不这荔枝变了味，咱们都得挨罚！

我不行了……

华清宫位于今陕西省西安市骊山北。秦朝时骊山就建有温泉宫室，名为"骊山汤"。唐贞观十八年（644年），这里又营建了汤泉宫，作为皇家享受温泉、治病养生的地方。唐玄宗在天宝六年（747年）对汤泉宫进行了扩建，并将之改名为"华清宫"。因为里面供人沐浴的温泉汤池众多，所以也叫"华清池"。后来有很多诗人以华清宫为题，写过咏史诗，杜牧的这首绝句尤为精妙，脍炙人口。

在这首诗中，杜牧就像是一位高明的电影导演。他先是拍摄了一幅大气的骊山全景图，给人以美不胜收的感觉。随着镜头逐渐上移，山顶上那座雄伟壮观的华清宫慢慢出现在我们眼前。就在这时，原本紧闭的宫门突然一道接一道地开启，不免让人产生疑问：难道要发生有什么大事了吗？

可杜牧没有直接告诉我们答案，而是又加入两个新的镜头：华清宫外，骑在马上的使者风驰电掣（chè）般飞奔而来，身后扬起一阵尘土；华清宫内，美丽的妃子嫣然一笑。这几个镜头看似没有关联，可杜牧用一句"无人知是荔枝来"解开了谜团。原来，这是为杨贵妃送荔枝的驿使到了！

据说，杨贵妃特别喜欢吃荔枝，唐玄宗就让人在涪（fú）州（今重庆涪陵）建了荔枝园，又修整了从涪州到长安的道路。这条驿道取道陕西西乡，进入子午谷，这样快马加鞭不过三天，就能将新鲜荔枝送到。这个听上去很浪漫的故事，背后却不知花费了多少人力、物力，更不要说那些因为沿路狂奔而累死的马匹和驿使了，难怪杜牧会用讽刺的口吻写下这首诗。

诗中提到的华清宫也极其奢华。为了让自己住得更舒适，唐玄宗把华清宫和骊山北坡的苑林区结合，形成了北宫南苑格局的离宫御苑。

宫苑的外围建了一圈外廓墙，也叫"会昌城"，相当于长安的城墙，起保卫作用；宫廷区里坐落着富丽堂皇的宫殿，相当于长安的皇城。苑林区有各种自然景观，还依照山形山势修建了一些亭台楼阁，俨然像皇宫禁苑。可以说，华清宫就是长安城的缩影。

唐玄宗长期居住在这里，不但在这处理政务、观看兵阵演练，还可以参与马球比赛、欣赏花卉果木和自然景观，生活十分惬意。可他把时间都用在享乐上，逐渐荒废了朝政，让安禄山等人抓住可

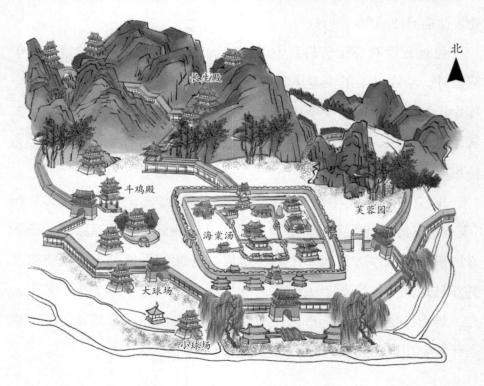

乘之机，发动了叛乱，导致大唐渐渐走向衰落。

在安史之乱后，华清宫一度荒废，在五代时被改建为道观，但到了明清时再度荒废。

如今的华清宫是在清代重建的基础上不断扩建而成的，它不再是封建帝王寻欢作乐的宫殿园林，而是向中外旅客敞开怀抱的文化旅游景区。我们既可以在这里感受大唐文化的魅力，也能通过想象去体会杜牧在诗中描绘的情景。

清宫词（其三）·春殿宴　　［清］魏程搏

和风丽日遍遐陬，万姓胪欢喜若雷。

欲纪升平春殿宴，赋诗仍是柏梁台。

清康熙二十一年（1682 年）正月初十，康熙皇帝在太和殿设下宴席款待群臣。康熙皇帝想起汉武帝曾在柏梁台和群臣赋诗这一逸事，产生了仿效一番的兴趣。他给大家开了个头："丽日和风被万方。"群臣一人一句，接了下去，就这样写出了一首长诗。诗人魏程搏的这首诗描写的就是当时的情景，他用简练的笔墨勾勒出了一幅喜庆的春殿宴图，再现了当时君臣同乐的热闹场面。

诗中的"春殿"指的就是紫禁城（今北京故宫博物院）里的太和殿，俗称"金銮（luán）殿"。这座宫殿建成于明永乐十八年（1420 年），当时叫"奉天殿"，在明嘉靖年间改名叫"皇极殿"，在清顺治年间有了"太和殿"这个名字。

太和殿是一座多灾多难的建筑，建成后才 100 天就遭到雷击，起火被毁。后来，太和殿又三次毁于火灾，三次重建。现存的建筑是清康熙三十四年（1695 年）重建的。当时由于缺少巨型楠木，宫殿的规模明显"缩水"，只有永乐年间的一半。不过，为了预防火灾，人们把原来的木廊改成了阶梯状的防火墙。

重修的太和殿采用了重檐庑（wǔ）殿顶，这是明清宫殿屋顶中最尊贵的样式。檐角安放着骑凤仙人和 10 个脊兽，有龙、凤、狮子、海马、天马、押鱼、狻猊（suān ní）、獬豸（xiè zhì）、斗牛、行什。其他建筑物的脊兽一般都是单数，从这也能看出太和殿至高无上的地位。

太和殿里，72 根大柱支撑着殿顶的全部重量，其中顶梁大柱的直径超过 1 米，高度超过 12 米，从此不难想象整座宫殿的恢宏气势。

　　游览故宫时，我们能够看到太和殿内摆放着各种豪华的装饰物，门窗上雕刻着精美的图案，地上铺着"金砖"。这种砖并不是用黄金制成的，而是由苏州的砖窑专门烧制出的御砖。这些砖表面光亮，质地坚硬，敲击时会发出金属般的声响。

　　太和殿外，我们能够看到一个宽阔的平台，这就是丹陛（bì），也称为"月台"。月台上陈设着古代的计时器"日晷（guǐ）"和标准量器"嘉量"，还有铜龟、铜鹤、铜鼎等。殿下还有三层汉白玉石雕基座，周围环绕着栏杆。栏杆下方的石雕龙头有排水的作用，每逢雨季这里会出现"千龙吐水"的奇观。

　　在明清两代，太和殿是一处非常重要的宫殿，很多重大的典礼，比如皇帝即位、生日、大婚等仪式都是在这里举办。清朝时，这里还曾举行过科举考试的最后一个环节——殿试，直到乾隆年间才改在保和殿举行。

　　因此，太和殿是很多重要历史事件的见证者。从它身上，我们可以学到兴衰成败的教训，这让它的价值远远超越了建筑本身。

乌衣巷　［唐］刘禹锡

朱雀桥边野草花，乌衣巷口夕阳斜。

旧时王谢堂前燕，飞入寻常百姓家。

唐代诗人刘禹锡做官时仕途不顺，常年被贬，因此去过很多地方。因为种种原因，他并没有去过金陵（今江苏南京），可这不妨碍他用"脑补"的办法选取了金陵有代表性的 5 处名胜古迹，写下了《金陵五题》。《乌衣巷》就是其中的一首。

在这首诗中，刘禹锡描绘了他眼中的朱雀桥和乌衣巷，还提到了原来住在乌衣巷里的王、谢两大家族。诗中提到的"朱雀桥"是秦淮河上的一座浮桥，曾经是一条交通要道，但后来遭到毁坏，从清代起就找不到它的遗址了；而"乌衣巷"是金陵城内的一条古巷，位于秦淮河南岸，在朱雀桥附近。

在晋代，王、谢两大家族可以说是显赫一时，曾经走出王衍、王敦、王导、谢安、谢尚、谢玄这样出色的政治人物，还有王羲之、王献之、谢灵运这样的文化名人。乌衣巷也因为他们而倍添光彩。然而随着时代的推移，王、谢两家渐渐衰落。到了唐朝，乌衣巷已经变得有些荒凉了。刘禹锡在诗中描写朱雀桥边生长着野草野花，无人清理，在夕阳之下，更是生出了一种日薄西山的惨淡景象。而燕子则成了历史的见证者：它们曾经在王、谢家族的檐下做巢，如今却飞入寻常百姓的家里。

既然王、谢两大家族原本居住的地方已经湮（yān）没在历史长河中，那么现在的王谢古居又是怎么来的呢？原来，现在我们见到王谢古居是 1997 年新建的，用来展示当年王、谢两大家族的辉煌。

如今的王谢古居建筑面积有 1000 平方米，风格古朴典雅，让人不由得畅想起其往昔的显赫。

古居分为东、西两个院落。东院来燕堂的大堂正中竖立着"书圣"王羲之的铜像，堂内悬挂着两位政治家王导、谢安的画像，还陈列了一些历史资料，充分展现了这两大家族的兴衰历程。

东院和西院之间有一座听筝堂，据说是当年晋孝武帝听谢安弹古筝的地方。后来，王羲之的第五个儿子王徽之曾邀请音乐家桓（huán）伊来此吹笛，自己弹筝。他们两人在听筝堂一起演奏，美妙的旋律令人陶醉，成就了一段佳话。

西院有一座鉴晋楼，名字有"以史为鉴，可以知兴替"的意味，里面的东晋雕刻展非常吸引眼球。

在鉴晋楼前的院落里有一个模仿"曲水流觞（shāng）"的汉白玉九曲小池，文人墨客在此聚会，可以在弯弯曲曲的流水中放上酒杯，杯子飘到谁面前，谁就要作诗饮酒，可谓风雅至极。

王谢古居很好地展现了"旧时王谢"的盛衰，虽然是重修的建筑，但不乏历史和文化的韵味，可以让我们充分体会刘禹锡在诗中传达出的历史情怀。

34 秋草独寻人去后·贾谊故居

长沙过贾谊宅　　［唐］刘长卿

三年谪宦此栖迟，万古惟留楚客悲。

秋草独寻人去后，寒林空见日斜时。

汉文有道恩犹薄，湘水无情吊岂知。

寂寂江山摇落处，怜君何事到天涯。

贾太傅，"同是天涯沦落人"，
我觉得这句话很适合我们！

　　唐代诗人刘长卿性格刚直，做官的时候经常得罪人，因而遭到诬告，两次被朝廷贬谪，远离了京城。这一年，他路过长沙，便去拜谒了贾谊故居。站在贾谊故居前，回想贾谊当年的遭遇，再联系自身，他不禁更加悲愤、伤感。

　　贾谊是汉文帝时著名的政论家，虽有满腹的才华，但和刘长卿一样，得不到明主的赏识。大臣们嫉妒他，经常在汉文帝面前说他的坏话，害得他被贬到了长沙，担任长沙王太傅。过了几年，汉文帝召见了他，却只问他对鬼神的看法，这让他十分失望。此后，他又多次向朝廷提建议，但都被当成了耳边风。这让他十分抑郁，33岁就去世了。

　　刘长卿在诗中忍不住为贾谊鸣不平，他这首诗不但切合贾谊的一生，还暗喻自己被贬的悲苦命运。全诗意境悲凉，真挚感人，被称为"唐人七律中的精品"。

　　贾谊虽然没能实现自己的抱负，但赢得了后人的敬仰。他在长沙的故居历经多次重修，显示出历朝历代对他的重视。

　　现在的贾谊故居是 20 世纪 90 年代按明朝成化年间的基本格局修复而成的，位于今湖南长沙，占地 1300 平方米，建筑面积 600 平方米，主要建筑有贾太傅祠、太傅殿、寻秋草堂等。

　　贾太傅祠中有贾谊的铜像。只见他席地而坐，左手抚案，右手握笔，好像正在凝神思考着什么。铜像笔下的竹简上和背后刻着贾谊的代表作《过秦论》中的语句。墙上挂着贾谊被放逐长沙时写下的《吊屈原赋》《鹏（fú）鸟赋》两篇文章。据说写《鹏鸟赋》时，贾谊已经在长沙待了三年，心态越来越悲观。有一天傍晚，他看到一只鹏鸟（指猫头鹰一类的鸟，在古时被认为是不吉祥的）飞进房间里，落在自己的座位旁，不禁更加伤感，觉得自己可能寿命不长了。于是，他以人鸟对话的手法写了这篇文章，以抒发忧愤

不平的情绪。刘长卿的那句"秋草独寻人去后，寒林空见日斜时"就巧妙地引用了《鵩鸟赋》中的句子"庚子日斜兮……野鸟入室兮，主人将去"，表达了对贾谊深深的惋惜之情。

太傅殿主要介绍贾谊的生平和重要思想，而寻秋草堂则是清代以来文人墨客凭吊贾谊后吟诗作画的地方。此外，贾谊故居内还有贾谊亲自凿的古井，杜甫有句诗"长怀贾傅井依然"，说的就是这口井。

无论是贾谊本人，还是贾谊故居，都是历代文人游历长沙时吟咏的重要对象。他们在这里留下了大量的诗歌、文章或对联，其中不乏杜甫、张九龄、李商隐、白居易、王安石这样的大家的作品，可见文人才子对贾谊的人品和成就有多么崇敬。如今，这座充满文化气息的贾谊故居已成为历史文化名城长沙的一张文化名片。

三顾草庐图   ［明］唐寅^{yín}

草庐三顾屈英雄，慷慨南阳起卧龙。

鼎足未安星又陨，阵图留与浪涛春。

　　唐寅，字伯虎，不但擅长写诗、绘画，还写得一手好字，是明朝"吴中四才子"之一，可他的一生却颇为坎坷。他曾想通过科举考试实现自己的人生抱负，却意外卷入科场舞弊案，被关进牢狱，后来被贬为小吏。他不愿前去就职，从那以后便四处远游，寄情于诗画。

　　这首诗是唐寅为画作《三顾草庐图》题写的，描写了刘备、关羽、张飞三顾诸葛亮草庐的情景。刘备表现出了无限的诚意，希望能够将诸葛亮这位名士请出山，让他辅佐自己成就一番霸业。在诗中，唐寅既充分肯定了刘备执着的精神，又缅（miǎn）怀了诸葛亮的事迹。在诗的最后，他为诸葛亮未能实现理想而感到惋惜，这又何尝不是在惋惜他自己的人生？

　　诗中提到的"草庐"，全名为"诸葛草庐"，位于河南南阳的卧龙岗上，是诸葛亮居住过的地方。世人称赞诸葛亮为"卧龙""卧龙先生"，唐寅在诗句里也用"卧龙"来指代诸葛亮。

　　最初的诸葛草庐早已消失。到了魏晋时期，将领黄权在诸葛亮"躬耕南阳"的旧址卧龙岗上修葺（qì）了诸葛草庐。晋代以后，草庐在战争中损坏，不复存在。唐初，人们又重建了草庐。此后地方官府都会组织修葺草庐，其中当属清康熙五十一年（1712 年）的修葺规模最大。当时的南阳知府罗景亲自主持修复工程，还在诸葛草庐左侧修建了三顾堂、关张殿，又种下了竹子、柏树、松树，让这里变得更加清雅幽静。

　　现在我们看到的诸葛草庐位于南阳武侯祠内，高 4 米，攒尖顶，呈八角形，暗含诸葛亮"巧布八阵图"的典故。诸葛亮擅长推演兵法，创设了八阵图。据说八阵图是由八种阵势组成的，可以用来操练军队或作战。唐寅在诗中提到的"阵图"指的就是八阵图，从中可以看出，唐寅对诸葛亮充满了崇敬之情。

草庐大门的门楣上悬挂着一块匾额，上面题写着"诸葛草庐"四个大字。草庐正中有一块立于明成化十四年（1478 年）的石碑，上面记载了诸葛亮在南阳所居住的具体方位。

草庐门前的四块碑刻，记录了刘备与诸葛亮在草庐对话的内容。诸葛亮为刘备分析了天下形势，提出了自己的战略构想。碑刻上的内容也因此被后世称作《隆中对》或《草庐对》，体现了诸葛亮卓越的智慧、非凡的政治才华和军事才能。

诸葛草庐中还有一些附属建筑，如诸葛井、碑廊、古柏亭、躬耕亭、读书台等。在这里，我们可以想象诸葛亮平时生活、耕种、读书的情景，也可以更好地感悟唐寅在诗中流露出的无限情思。

茅屋为秋风所破歌　　［唐］杜甫

八月秋高风怒号，卷我屋上三重茅。茅飞渡江洒江郊，高者挂罥^{juàn}长林梢，下者飘转沉塘坳^{ào}。

……

安得广厦千万间，大庇^{bì}天下寒士俱欢颜！风雨不动安如山。呜呼！何时眼前突兀^{wù}见此屋，吾庐独破受冻死亦足！

杜甫流落到成都的时候，在朋友的帮助下，在浣花溪边盖起了一座茅屋，这就是"杜甫草堂"。草堂非常简陋，在刮大风、下大雨的时候，屋顶上的茅草就会被狂风卷走，导致漏雨严重，屋内连一块干燥的地方都没有；床上的被子又冷又硬，好像铁板一样。在这种情况下，杜甫夜里根本无法安睡，只能无奈地挨到天亮。可他没有过多地感叹自己的痛苦，而是写下这首《茅屋为秋风所破歌》，从自己无处安身、得不到别人的同情和帮助，联想到有类似处境的无数穷苦人。

一句"安得广厦千万间，大庇天下寒士俱欢颜"，展现出他博大的胸襟和崇高的理想，也让人们对他更加敬佩。

杜甫先后在草堂住了近四年，创作了 240 多首诗词，除了《茅屋为秋风所破歌》外，还有《蜀相》《春夜喜雨》《登高》《江畔独步寻花》等脍炙人口的诗篇，草堂也因此被称为"中国文学史上的圣地"。

不过，杜甫草堂曾一度被损毁。到了唐末，有个叫韦庄的诗人找到这里，重建了草堂。在此后的漫长岁月里，草堂又多次被修复，终于有了现在的规模和格局。

如今的草堂比当年要气派得多，有五重主体建筑。其中，重要的建筑，像大廨（xiè）、诗史堂、工部祠，都分布在中轴线上；中轴线两旁对称分布着回廊和附属建筑，其间小桥流水，竹树掩映，让草堂显得既庄严肃穆又古朴典雅。

大廨是一座两边相通的大厅堂。廨是官署的意思，指的是古代官吏办公的地方。杜甫曾经担任过左拾遗等官职，所以这座建筑就有了这个名字。

穿过大廨，便来到了草堂的主厅——诗史堂。杜甫生活在乱世，他把自己所见所闻的社会现实用诗歌记载下来。读他的诗，就像在读一部反映唐王朝由盛转衰的历史巨著，所以他的

诗歌被称为"诗史"。诗史堂正中还有一尊雕塑家刘开渠所塑的杜甫胸像，只见这座塑像眉头微蹙（cù），目光深沉，表情严肃，看上去正在为国家的危亡和人民的苦难而忧虑不已。

草堂内还有一座工部祠，里面供奉着明清两代的石刻杜甫像。因为杜甫曾担任检校工部员工郎，人称"杜工部"，所以纪念他的祠宇叫"工部祠"。工部祠中还有黄庭坚、陆游的塑像作为陪祀（sì），因此，工部祠又被称为"三贤堂"。

人们还在草堂中重建了茅屋。茅屋里面设有堂屋、卧室、厨房，外面有杜甫经常在诗中提到的水井、菜畦（qí）、药圃。在杜甫草堂，我们可以想象杜甫当年在这里生活、劳动的样子，品味杜甫诗中的家国情怀，感受他伟大的人格魅力。

六 园林苑囿

园林苑囿是古建筑中的明珠，它们如诗如画，美不胜收。无论是小桥流水，还是曲径通幽，每一处都充满了韵味，令人陶醉。当文人遇到园林苑囿，便会被激发出无尽的创作灵感，将那一草一木、一山一水都巧妙融入诗词中，为我们带来美的享受。

37 沧浪有景不可到·沧浪亭

沧浪亭（节选）　［宋］欧阳修

子美寄我沧浪吟，邀我共作沧浪篇。

沧浪有景不可到，使我东望心悠然。

荒湾野水气象古，高林翠阜（fù）相回环。

新篁（huáng）抽笋添夏影，老蘖（niè）乱发争春妍。

……

清光不辨水与月，但见空碧涵漪涟（yī lián）。

清风明月本无价，可惜只卖四万钱。

……

这首长诗是北宋文学家欧阳修为好友新建的园林"沧浪亭"而写的。这位好友名叫苏舜钦，他因为一件小事被罢了官，在苏州闲居。

为了抒发心中的郁闷，苏舜钦四处游玩。其间，他发现了一个三面临水的废宅子，很是喜欢，便花了四万钱买下宅子，在里面修亭建屋，建了一座园林。"沧浪亭"既是亭名，又是园名，灵感来自《楚辞》中"沧浪之水清兮，可以濯（zhuó）我缨"的句子。

苏舜钦为沧浪亭写了一篇文章，叫《沧浪吟》，写好后寄给欧阳修，邀请他一起写诗。欧阳修便作了这首长诗来回应。在诗中，他用开玩笑的语气写道："清风明月本无价，可惜只卖四万钱。"没想到这两句诗竟让沧浪亭火遍了大江南北，还和狮子林、拙政园、留园并称"苏州四大园林"。

在以后的日子里，沧浪亭曾几度荒废，在清代又得到重建，基本保留到了现在。

这座园林确实有很多独特的地方。还没进园门，就能看见园外环绕着一池绿水；进门后，可看到整个园林位于湖中央，湖内侧有山石、复廊及亭榭环绕一周。园内以山石为主景，沧浪石亭便坐落在一座土山之上。

沧浪亭的底部是正方形的，顶部的檐角高高翘起，亭内装饰着仙童、鸟兽、花木等浮雕图案，很是精致。亭上有一副著名的对联："清风明月本无价，近水远山皆有情。"上联来自欧阳修的这首诗，下联来自苏舜钦的《过苏州》。

假山下凿有水池，山水之间用一条曲折的复廊相连。复廊即用墙把走廊从中间隔开，墙上设漏窗，人们可以透过漏窗欣赏墙两边的景色，更好地感受这座园林的韵味。

漏窗是沧浪亭的一大特色，也叫"花窗"，是古代园林的一种装饰设计。透过漏窗看风景，会让视野中的景象有一种若隐若现的美感。在沧浪亭中，漏窗共有一百多种样式，图案花纹都不相同，这在苏州众多的园林中是首屈一指的。

假山东南方向的明道堂是园林的主建筑，此外还有五百名贤祠、看山楼、翠玲珑馆、仰止亭和御碑亭等建筑巧妙地点缀在园中。

园中还种植了大量树木，其中的一些古木有百年树龄，更有一片片竹林把山水亭台都掩映在浓郁的竹荫里，就像诗中描绘的那样，"高林翠阜相回环"，"新篁抽笋添夏影"。

游狮子林得句　　　［清］爱新觉罗·弘历

一树一峰入画意，几湾几曲远尘心。

法王善吼应如是，居士高踪宛可寻。

谁谓今时非昔日，端知城市有山林。

松风阁听松风谡，绝胜满街丝管音。

乾隆皇帝（爱新觉罗·弘历）对狮子林情有独钟，他一生六下江南，其中有五次去狮子林游历了一番。因为忘不了狮子林的美景，乾隆皇帝还在圆明园"三园"中的长春园东北部建了一座仿狮子林，把皇家园林的气势和江南园林的秀美结合在一起。

乾隆皇帝为狮子林写下了大量诗作，这首诗是他第三次游狮子林时写的。在诗中，他尽情赞美了狮子林，说里面的一树一山都能被画进画里，可见狮子林景色是多么优美。

狮子林位于今江苏省苏州市东北部，始建于元代，本来是为高僧天如禅师而建的。因为园中石峰林立，形状像狮子，所以叫"狮子林"。

在天如禅师去世后，狮子林逐渐荒废。到了明代，大书画家倪瓒（ní zàn）为狮子林题诗作画，还参与造园，让它重新引起了人们的注意。清代以后，狮子林几经整修、扩建，慢慢发展为"苏州四大园林"之一，还被列入《世界文化遗产名录》。

在狮子林中，最吸引人的就是那些假山。在元末明初建园的时候，就有叠石名家对其进行了精妙的构思，用太湖石堆叠成了假山群。这些假山分成上、中、下三层，共形成9条山路、21个山洞。山上有石峰和石笋，石缝间还长着古树和松柏。人们可以按照9条路线去欣赏假山，那回环曲折的山势、千奇百怪的假山造型让人看得如痴如醉。

除了假山以外，狮子林的植物也是一大亮点。人们按照作画的构图原理，精心布置了不同的花木，让它们能够和园中的建筑、假山等呼应，成为乾隆皇帝描写的"城市山林"。

例如，园中指柏轩前面的假山上种植着古柏和白皮松，姿态苍劲，与建筑物的风格浑然一体；而暗香疏影楼和问梅阁附近种植了梅花，而且问梅阁中连窗户、桌椅、吊顶都是梅花形的，里面的书画内容也和梅有关，让人感觉十分雅致。

狮子林中还有很多讲究的细节，比如园中的漏窗做工非常精巧，不但形式多样，还有有趣的主题：园中九狮峰后有以琴棋书画为主题的四个漏窗，指柏轩的围墙上有以自然花卉为主题的泥塑漏窗。

与漏窗相映成趣的是园中的洞门，它们只有门框没有门扇，形状多种多样，有长方形的、椭圆形的，还有海棠形的……为园林景观增添了无穷的魅力，难怪乾隆皇帝会百看不厌。

拙政园图咏·若墅堂　[明]文徵明

　　若墅堂在拙政园之中，园为唐陆鲁望故宅，虽在城市而有山林深寂之趣。昔皮袭美尝称，鲁望所居，"不出郛郭，旷若郊墅"，故以为名。

会心何必在郊坰，近圃分明见远情。

流水断桥春草色，槿篱茅屋午鸡声。

绝怜人境无车马，信有山林在市城。

不负昔贤高隐地，手携书卷课耕童。

　　文徵明是明代中期著名的画家、书法家，和唐寅（唐伯虎）、祝允明（祝枝山）、徐祯（zhēn）卿并称"吴中四才子"。在明朝中后期，他的名气很大，号称"文笔遍天下"。

　　明正德年间，辞官回苏州的御史王献臣准备建造一座私家园林，他对文徵明十分欣赏，便请文徵明参与园林的筹划布局。16年后，拙政园终于建成了，文徵明依照园中景物，绘制成三十一幅图，又为每幅图各写了一首诗，这就是《拙政园图咏》。

　　这首诗写的是园中的若墅堂，文徵明在诗中尽情抒发了自己对拙政园的热爱之情，他激动地说："人世间有这么一片没有车马喧嚣（xiāo）的好地方，让人不得不相信城市中也有静谧（mì）的山林。"

　　如此绝妙的拙政园，自然会引起人们的关注。明清时期，无数文人雅士来此游览，就连清朝的康熙皇帝也在这里留下过足迹。其间，拙政园曾遭到破坏，但又被修复、改建，因此园中的格局基本没有改变。

如今的拙政园仍是江南古典园林的代表，有"苏州园林之冠"的称号。整座园林分为东、中、西三部分，共有建筑 30 多处；园中布局以水为中心，各种亭台轩榭（xiè）大多建在水边，体现了江南水乡特有的风情。

拙政园在园林设计上有很多亮点，比如在园中加入大量和建筑物完美结合的长廊，看上去高低错落，不会让人产生视觉疲劳；园中还有大量的镂空造型，让建筑物显得更有生气。

人们还在园中设置了山石、古木、绿竹、花卉等自然景观，让它们恰到好处地点缀在建筑物之间，为园林增添了无穷的韵味。

更有意思的是，人们在拙政园中能充分体验我国古典园林移步换景的巧妙手法，园中不同的景色让人百看不厌，难怪文徵明能够画出三十一幅各有特色的园景图。

沈园二首（其一）　　［宋］陆游

城上斜阳画角哀，沈园非复旧池台，

伤心桥下春波绿，曾是惊鸿照影来。

陆游是南宋杰出的爱国诗人，曾写过很多气势豪迈、慷慨激昂的诗篇。可这首《沈园》的风格却很不一样，它读起来是那么伤感、深情，让人在不知不觉中被深深打动。

原来，这首诗中藏着一个缠绵悱恻（fěi cè）的爱情故事。故事的主角就是陆游和他的原配夫人唐琬（wǎn）。陆游在年轻的时候，和唐琬结为夫妻，他们两人在文学上有共同语言，感情非常深厚。但陆游的母亲不喜欢唐琬，硬是逼着他们两人分开了。后来他们各自有了新的家庭。有一年，陆游在沈园遇到了唐琬夫妇，回想往事，他心中很是难过，便在墙上题了一首词《钗头凤》，唐琬也和了一首词。没过多久，唐琬就因为心中忧愁、郁闷，不幸去世了，这让陆游悲痛万分。

在以后的日子里，陆游不时来到沈园，追忆逝去的爱人。写这首诗的时候，他已经 75 岁了。那天，他站在夕阳下的沈园中，耳边忽然传来一阵军号声，听上去那么哀怨，把他带入久远的回忆里。他那自然而真挚的情感流动在字里行间，让这首诗有了催人泪下的感染力。

让陆游魂牵梦萦（yíng）的沈园，也叫"沈氏园"，位于浙江绍兴，是一座宋代园林。它原本是南宋时期沈姓富商的私家花园，后来因陆游与唐琬的故事而变得天下闻名。

随着时代的推移，沈园经过两次扩建，规模增大了不少，园中新建了很多与陆游有关的建筑，还题上了陆游所作的诗词，让园林本身更增添了浓厚的文化色彩。

从布局上看，沈园有三个"园中之园"——南苑、东苑和北苑。南苑是纪念区，东苑以陆游和唐琬的爱情故事为主体，北苑保存着较多的古代遗迹。三个"园中园"看似独立，实际上有着内在联系，形成了一个和谐的整体。

从细节上看，沈园的景观以水为主，在水周围布置了建筑、假山、游廊。为了增加景观的"可看性"，人们又在园中塑造了石景，比如南苑用厚重、硬直的黄色斧劈石堆成假山，这是在隐喻陆游性格刚直、孤傲；而东苑则是用玲珑多孔的太湖石堆成假山，象征着陆游与唐琬之间细腻的情感。另外，园中还种植了几十种植物，这些植物高低不同、错落有致，既填补了一些空旷的地方，也形成了沈园特有的植物景观。

园中的建筑造型典雅，富有江南园林特色，其中比较有名的有

陆游纪念馆、孤鹤轩等。南苑的陆游纪念馆，展出了大量照片、画作和文字资料等，是一个了解陆游生平和文学成就的好去处。

孤鹤轩位于沈园中部，是一座两面带廊的敞厅，造型秀丽雅致。这个敞厅之所以叫孤鹤轩，是在暗喻陆游的人生经历。他虽然有满腔壮志，想要为国为民奉献牺牲，但屡屡遭到贬谪，难以实现抱负；而在生活上，他痛失爱人，十分孤独。他在诗中把自己比作一只发出哀鸣的孤零零的白鹤，让人十分同情。因此，后人就以"孤鹤轩"命名了这座建筑。

热河三十六景诗（其三）·无暑清凉

［清］爱新觉罗·玄烨

畏景先愁永昼长，晚年好静益彷徨。

三庚退暑清风至，九夏迎凉称物芳。

意惜始终宵旰志，踟蹰自问济时方。

谷神不守还崇政，暂养回心山水庄。

夏天天气炎热，人们都希望能找个可以避暑的地方，就连皇帝也不例外。清朝的皇帝们就有一个避暑的好去处——承德避暑山庄。

　　在这首诗里，康熙皇帝（爱新觉罗·玄烨）描写了自己在避暑山庄享受清凉的情景：京城的夏天酷热难熬，可一到避暑山庄，酷热就被习习清风驱走了。康熙皇帝还把一处庭院命名为"无暑清凉"。这个庭院四面环水，人们身处其中，感受着阵阵凉风，闻到随风飘来的花草馨香，只觉得全身舒畅。

　　康熙皇帝的这首诗让人们对这座避暑山庄产生了无限的向往。这座皇家园林就是承德避暑山庄，也叫"承德离宫"或"热河行宫"，位于河北承德。山庄从康熙四十二年（1703年）开始动工兴建，直到乾隆五十七年（1792年）才竣工。

　　总体来看，承德避暑山庄可以分为宫殿区和苑景区。山庄外东

北部还有八座寺庙，称为"外八庙"。

　　宫殿区里的建筑风格典雅庄重，皇帝可以在这里处理朝政、举行大典，也能在此居住。康熙皇帝在这首诗里提到自己在这里的日常生活，他说自己心中始终怀着治国安邦的远大理想，所以虽然来到了避暑山庄，但还是坚持早起晚睡，处理国家大事。有的时候遇上了难题，他还会在大殿里踱来踱去，苦苦思索……

　　至于苑景区，则分布着丰富的自然景观。其中，最让人流连忘返的就是湖泊区。只见湖面被长堤和洲岛分割成多个湖，各湖之间有桥相通，两岸绿树成荫，风景清新怡人。

　　湖区周围还散落着一些造型别致的建筑，其中有很多都是仿照江南名胜建造的。据说，这是因为康熙皇帝一生六下江南，对于江

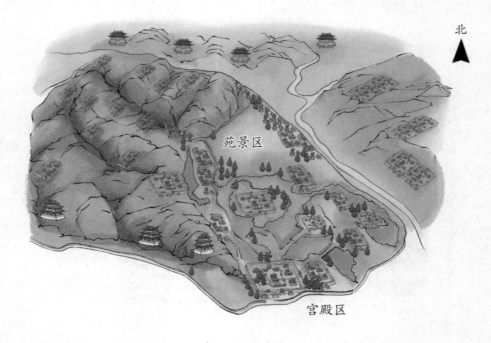

南的园林美景有很深的印象，所以才会这样设计承德避暑山庄，好让自己能够重温江南风光。

康熙皇帝还从山庄中选出了自己最喜爱的三十六处景色，分别命名，并写诗纪念。其中"芝径云堤""万壑（hè）松风""烟波致爽""云山胜地"等成了承德避暑山庄中有名的去处。这首诗中提到的"无暑清凉"也是其中之一。

康熙皇帝去世后，他的儿子雍正皇帝继位。让人惊讶的是，雍正皇帝竟然从未去过避暑山庄。不过，在雍正皇帝之后，乾隆皇帝又成了这座山庄的常客。他曾到过这里40多次，还留下了很多诗篇。而且他还效仿祖父康熙皇帝，命名了新的三十六景。不过，他是用三个字命名的，如"烟雨楼""勤政殿""绮望楼""松鹤斋""如意湖"等。新旧三十六景被合称为"康乾七十二景"。

从这也能看出，承德避暑山庄里处处都是美景，将宫殿、亭台楼阁、山水、植物等巧妙地融合在一起，是一个让人沉醉的"人间仙境"。

昆明湖泛舟　　　［清］爱新觉罗·弘历

何处燕山最畅情，无双风月属昆明。

侵肌水色夏无暑，快意天容雨正晴。

倒影山当波底见，分流稻接垸^{yuàn}边生。

披襟清永饶真乐，不藉仙踪问石鲸。

1750 年的阳春三月，乾隆皇帝为了庆祝母亲的六十大寿，把北京西郊瓮山西湖疏浚、深挖后，改名为"昆明湖"，瓮山则被改名为"万寿山"。随后，他又下旨将这一带的湖山、建筑命名为"清漪（yī）园"，并开始了近 15 年的园林修建工程。

清漪园建成后，乾隆皇帝每年都要去游玩很多次。他很喜欢写诗，竟为清漪园写下了 1600 多首诗。在这首《昆明湖泛舟》中，他激动地赞美道："何处燕山最畅情，无双风月属昆明。"可见他对这座皇家园林有多么喜爱。

清漪园到底有多出色呢？它以万寿山和昆明湖为主体，在前山中央部分建有宏伟壮丽的建筑群，并以从昆明湖旁边的云辉玉宇坊、排云门、排云殿、德辉殿、佛香阁一直到山顶的智慧海为中轴线。其中，佛香阁建在几十米高的大台基上，是一个八角、三层、四重檐、攒尖顶的全砖石砌成的大阁，阁内有 8 根巨大的铁梨木擎（qíng）天柱，结构复杂，堪称古典建筑的精品。

在碧玉一般的昆明湖畔，点缀着长廊、高阁、长桥……其中，

最引人注目的是一条长达 728 米的长廊。这是中国园林中最长的游廊，廊上的每根枋（fāng）梁上都有彩绘。据统计，游廊上的彩绘有 14000 多幅，主题包括山水风景、花鸟鱼虫、人物典故等，让人目不暇接。

在整座园林中，不同形制的建筑有 3000 多间，各种各样的古树名木有 1600 多株。无论走到哪里，都能看到不一样的风景，怪不得乾隆皇帝能为它写出那么多诗篇。

可惜的是，如此美丽无双的园林，却在 1860 年被英法联军抢掠一空，建筑大部分被烧毁，只剩下残垣（yuán）断壁，让人十分心疼。后来，慈禧太后为了退居修养，重修清漪园，还把园名改为"颐和园"。

颐和园的重建工程完全继承了清漪园的山形水系、规划设计，大部分建筑甚至连名字都没有改过。为了满足慈禧太后听戏的爱好，园内还修了一座德和园大戏楼，共有三层，设计十分巧妙。演戏时，演员可以从"天"而降，也可自"地"而出，还能引水上台……

慈禧太后十分喜爱颐和园，在里面越住越久，后来索性把政事、外交活动也搬到了这里。在 1898 年戊戌（wù xū）变法前后，颐和园成了一个重要的政治舞台和外交场所。

自建成起，颐和园屡遭破坏，又不断被修复。如今，它已不再是皇家禁地，而是世界文化遗产之一，也是国家 5A 级旅游景区，每天都会迎来成千上万的中外游客。人们在这里不但能够欣赏湖光山色，还能感受清代园林艺术的特色。

七　书院学府

　　书声琅琅，墨香四溢。古代学子们在书院学府中孜孜不倦地求学问道，让我们感受到他们对知识的强烈渴望。这些书院学府不仅是智慧的摇篮，更是中华文脉的延续。每一首描写书院学府的诗词，都体现了古人对学问的敬畏和重视。

登岳麓赫曦台联句 ［宋］朱熹、张栻

泛舟长沙渚，振策湘山岑。

烟云渺变化，宇宙穷高深。

怀古壮士志，忧时君子心。

寄言尘中客，莽苍谁能寻。

　　南宋著名理学家朱熹被人们尊称为"朱子"，是读书人心中的"偶像"。有一年，朱熹从福建来到岳麓书院，拜访书院主教张栻。两人一见如故，在一起进行了长达两个月的思想讨论。人们称之为"朱张会讲"。

　　这首诗就是在会讲期间诞生的。两位学者感慨自然世界中蕴藏着无穷的奥秘，鼓励年轻学子应该努力学习，探索真理，才能更好地改造世界。全诗由于是两人"你一联我一联"合作完成的，所以又叫"朱张联句"。联句的地方在赫曦台，当时建于岳麓山顶，人们可以在这里观看日出。年深日久，赫曦台原址早已消失，现在的赫曦台位于书院前门附近。

　　下面，就让我们走进这座历史悠久的书院吧！岳麓书院是我国现存规模最大、保存最完好的书院建筑群，坐落在湖南省长沙市湘江西岸的岳麓山脚下，依山傍水。它创建于北宋年间，宋真宗赵恒曾御赐"岳麓书院"匾额，因此名气越来越大，成了地方最高学府。

后来，岳麓书院一度被毁，在南宋时重建。著名理学家张栻被请来主持讲学，朱熹也慕名而来，他和张栻的会讲引来四方学者云集，让岳麓书院进入全盛时期。27 年后，朱熹又一次前来，他不但在书院讲学，还扩建了书院，制定了学规。当时他已经 65 岁了，却仍然坚守在讲堂上。此时前来求学的人更多了，甚至还出现了"道林三百众，书院一千徒"的盛况（"道林"指的是一所寺院，在书院附近）。

在明清和近代时期，岳麓书院依然兴盛，培养出了一大批人才。如今的岳麓书院已经成为湖南大学的一部分。

岳麓书院现存的建筑大部分是明清时遗留下来的，主体建筑分为讲学、藏书、祭祀三大部分，前门、赫曦台、大门、二门、讲堂、御书楼等建筑集中在中轴线上，文庙和园林建筑分布在中轴线两侧，整体布局十分工整。

讲堂是书院的核心部分，也是这里历史最悠久的建筑。它三面围墙，一面敞开，不设门，蕴含着

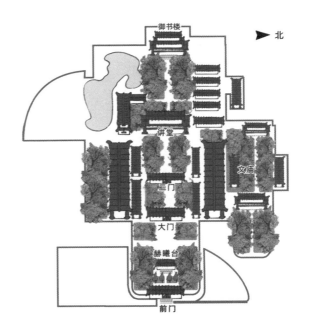

"开门办学"的理念。讲堂正中设有高约一米的长方形讲坛，是古代老师讲课的地方。讲坛上还摆放着两把鸡翅木交椅，是为了纪念"朱张会讲"而设下的。

和讲堂一样，岳麓书院的其他建筑也都有一种特殊的文化气质，造型古朴典雅，配色简洁大方，没有彩绘之类的装饰物，让人感觉十分庄重、严肃。

书院里的园林也和其他地方的不同，在清泉翠竹中随处可见铭刻着诗词、警句、箴（zhēn）言的碑刻。这些碑刻构成书院独特的装饰景观，也营造出浓浓的教育氛围。

白鹿洞二首（其一） ［唐］王贞白

读书不觉已春深，一寸光阴一寸金。

不是道人来引笑，周情孔思正追寻。

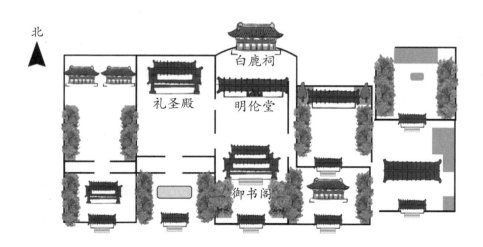

王贞白是唐末五代十国著名诗人，年轻时曾到位于今江西省庐山市五老峰南麓的白鹿洞潜心读书，这首诗写的就是他当时的读书生活。诗中那句"一寸光阴一寸金"早已成为不朽的格言，千百年来一直激励着读书人珍惜时间、努力学习。

诗中的"白鹿洞"其实并不是一个洞，最早指的是山谷间一处环境优美的凹地。中唐时，有个叫李渤的年轻人在这里读书，还养了一头白鹿做伴，人称"白鹿先生"，这里因此得名"白鹿洞"。李渤当上江州刺史后，回来修建了亭台楼阁，还种植了花草，吸引了很多读书人前来，王贞白就是其中之一。在五代十国时期，这里办起了书院；到了宋代，书院得到扩建，但又因战争被毁。

南宋淳（chún）熙六年（1179 年），朱熹来到这里，他看到书院到处是断壁残垣、杂草丛生，心中惋惜不已。从那时起，他萌生了修复书院的想法。在他的不断奔走下，白鹿洞书院得以重现生机。朱熹不但在这里讲学，还制定了《白鹿洞书院揭示》，也就是书院的教规，里面提到的教育理论和教育思想对后世有重要的影响。

在朱熹等人的努力推动下，白鹿洞书院的发展进入鼎盛时期，成为我国"四大书院"之首，甚至还被誉为"海内第一书院"。只是随着时间的推移，书院几经兴废，再没有了当年的辉煌。

现在白鹿洞书院存留的建筑多是清道光年间修建的，主要是石木或砖木结构，风格清新雅致。书院坐北朝南，由近及远依次排列着五大院落，每个院落又各有两到三进，大小院落相互联通，构成了一个串联式的古建筑群。

书院中有代表性的建筑有礼圣殿、明伦堂、白鹿洞等。礼圣殿是书院祭祀孔子及其弟子的地方，这里的建筑气势恢宏，采用了黑色的柱子、红色的拱顶，显得格外庄重。

明伦堂是书院的讲堂，在礼圣殿侧门边上。整座建筑白墙灰瓦，前后都有门，后门直通白鹿洞。堂内保留着古代学堂的式样，讲台后方展示着朱熹制定的教规，讲台下方摆放着仿古的书桌椅，为人们再现先贤们在这里讲学谈经的场景。

白鹿洞是一个拱形的花岗岩石洞，洞不大，里面蹲卧着一只小石鹿，竖着耳朵，凝视前方，神态悠然。这个石洞是明朝嘉靖年间开凿的，让白鹿洞书院从有名无洞变得名副其实。人们可以在这里遥想李渤、王贞白等在此隐居读书时的情景，感受"一寸光阴一寸金"的勤学精神。

睢^{suī}阳学舍书怀　［宋］范仲淹

白云无赖帝乡遥，汉苑谁人奏洞箫。

多难未应歌凤鸟，薄才犹可赋鹪鹩^{jiāo liáo}。

瓢思颜子心还乐，琴遇钟君恨即销。

但使斯文天未丧，涧松何必怨山苗。

范仲淹小时候就没了父亲，家庭非常贫困。他在艰苦的条件下努力读书，每晚煮一锅粟米粥，等粥凝固后将其分成四块，早晚各两块，和咸菜一起充饥，这就是成语"划粥断齑（jī）"的来历。后来，范仲淹到睢阳应天府书院读书，十分珍惜得

我要向颜回一样，不能因为贫穷就改变自己的志向与乐趣。

来不易的学习机会，每天刻苦攻读，到了深夜还不肯休息。这首诗就是在那段时间写的。在诗中，他勉励自己要像孔子的弟子颜回一样不怕贫寒，积极进取，将来一定会实现自己的志向。

范仲淹就读的应天府书院，也叫"应天书院""睢阳书院"，位于今河南省商丘市睢阳区商丘古城南湖畔，是古代著名的"四大书院"之一。

应天府书院的历史非常悠久。早在五代时的后晋，就有乐于教育的商丘人创办了睢阳学院，吸引了很多学者和学子前来。到了宋代，应天府书院有了更大的发展，培养了很多人才。

北宋的很多书院都位于幽静的山林间，唯有应天府书院与众不同，它处于繁华的闹市中，但这不影响学子们静下心来学习，像范仲淹、欧阳修、王安石、曾巩等大家都曾在这里学习。后来范仲淹

　　还被请回来教书，他总是以身作则，让学生写文章，自己就先写一篇范文；让学生讨论国家大事，自己就率先发言。在他的带动下，学生们的学习兴趣更浓厚了，应天府书院的名气也更大了。

　　北宋庆历三年（1043 年），应天府书院改升为"南京国子监"，成了北宋的最高学府，同时也是我国古代书院中唯一升级为国子监的书院。当时应天府书院的建筑群采用了中轴对称的布局，中轴线上分布着书院的核心建筑，如崇圣殿、讲堂、藏书阁等；中轴线两侧有师生自习、生活的斋舍。由于应天府书院是当时的国家最高学府，其一柱一梁、一瓦一画都特别尊贵、气派，让身处其中的学子觉得十分骄傲、自豪。

　　然而，经过了一段辉煌岁月后，应天府书院在战乱中被毁。南宋时，文人学子纷纷迁往南方，教育中心也跟着往南移。明清时期，虽然有人想要重修应天府书院，但都没有成功，这座书院就这样悄然没落了……

直到 2007 年，河南大学按照历史文献记载设计并修复的应天府书院正式对外开放，我们才能重新领略它的风采。现在的应天府书院，主要建筑有崇圣殿、大成殿、前讲堂、御书楼、明伦堂等。这些建筑传承了宋代的建筑风格，内部还放置了儒家圣贤孔子和弟子颜回、曾参等人的塑像，以及范仲淹的画像。

范仲淹撰写的《南京书院题名记》也被展示出来，文中记录了书院创办的历史，歌颂了书院的优良学风，让人们不由自主地想象起古代学子在这里读书求学的画面。

嵩阳书院（sōng）

［清］爱新觉罗·弘历

书院嵩阳景最清，石幢（zhuàng）犹纪故宫名。

虚夸妙药求方士，何似菁莪（jīng é）育俊英。

山色溪声留宿雨，菊香竹韵喜新晴。

初来岂得无言别，汉柏阴中句偶成。

清乾隆十五年（1750年）的一天，乾隆皇帝（爱新觉罗·弘历）在河南嵩山游玩，他来到位于嵩山南麓的嵩阳书院，看到这里清雅幽静的自然环境，心情十分愉悦，便写下了这首诗。

在诗中，他不但赞美了嵩阳书院的风景，还提到了一件往事：在唐代，这里还没有书院，只有一座道观，名叫"嵩阳观"，里面住着会炼丹的老道人。据说，唐玄宗李隆基曾患重病，吃了嵩阳观的丹药，病就好了。后来李隆基还在这里立了一座9米多高的碑。

乾隆皇帝在诗里用讽刺的语气说："与其到处找道士炼丹求长生，还不如把道观改成书院，多多培育英才。"

的确，这里曾经是佛教寺院，后来又成了道教的活动场所，到了五代时，才改为书院。北宋年间，书院得到重修，还被赐名为"嵩阳书院"，逐

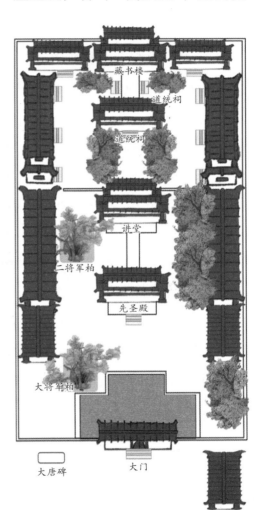

北

藏书楼

道统祠

道统祠

讲堂

二将军柏

先圣殿

大将军柏

大唐碑   大门

渐发展为"四大书院"之一。

嵩阳书院之所以能够闻名天下，是因为历史上很多响当当的人物曾到这里讲学传经。像范仲淹，"二程"——程颢（hào）、程颐兄弟等都曾在这里讲学。还有一个了不起的人物，也在这里待过很长时间，他就是司马光。他主编的《资治通鉴》共294卷，历时19年才编成，其中有一部分内容就是在嵩阳书院完成的。

明末，嵩阳书院毁于战火，后来经过多次增建、修补，目前书院里的建筑布局保持着清代前的风格，共有五进院落，各种殿堂廊房500多间。

这些建筑看上去古朴大方，十分雅致，其中大门、先圣殿、讲堂、道统祠和藏书楼等主要建筑坐落在一条主线上。乾隆皇帝在诗中提到的大唐碑就矗立在大门附近。

嵩阳书院的先圣殿是供奉孔子和他的弟子的地方；讲堂是书院的老师给学生授课的地方；道统祠里供奉着帝尧、夏禹、周公的石膏头像，还悬挂着这三位圣人当年在嵩山地区活动的大型图案；藏书楼相当于现代大学的图书馆，清初时藏书曾多达86万册。

除了这些建筑，嵩阳书院的古柏也很出名。据说在西汉年间，汉武帝游嵩山时，见有三株柏树高大茂盛，就把它们封为"大将军""二将军"和"三将军"。

"三将军柏"在明末被毁；现存的"大将军柏"高12米，胸径5.4米，冠幅16米，树冠浓密宽厚，好像一把大伞遮掩晴空；"二将军柏"更加壮观，高度达到18.2米，树干下部有一个南北相通的洞，里面能容下五六人。

这两株古柏与古建筑相互映衬，构成了一幅清淡雅致的园林美景图，难怪乾隆皇帝会被深深吸引，从而留下了"书院嵩阳景最清"的诗句。

八 桥梁水利

　　桥梁横跨河流，连接两岸，方便行人往来；水利工程灌溉农田，滋养万物，保障民生。这些桥梁水利工程被记录在古诗词中，让我们看到古人的勤劳与智慧，也让我们感受到中华文明的伟大与传承。

灌阳竹枝词 ［清］山春

都江堰水沃西川，人到开时涌岸边。

喜看杩槎频撤处，欢声雷动说耕田。

有这样一座伟大的水利工程，于公元前256年左右修建，并一直使用至今，被誉为"世界水利文化的鼻祖"，它就是都江堰水利工程。

都江堰水利工程滋润了成都平原千千万万的良田，是四川能够成为"天府之国"的"大功臣"。清代诗人山春用"都江堰水沃西川"的诗句来赞美它，还特别描写了都江堰"开水节"（放水节）的盛况。

那么，什么是开水节呢？原来，从都江堰竣工之日起，人们就一直坚持着严格的岁修制度：每到冬天枯水季节，用特有的杩槎（竹木制成的拦水工具）截断上游的水流，继而对都江堰进行维修；到了春天庄稼需要灌溉的时候，就拆除杩槎，放水入渠。每到这时，人们都会举行热闹的活动，这就是开水节。

从山春的描述中，我们可以想象一下当年的情景：人们从四面八方涌到岸边，看到杩槎被拆除，大家发出震耳欲聋的欢呼声，期待着即将到来的春耕。

让我们跟随人们的视线，去看一看伟大的都江堰水利工程吧！

都江堰坐落在成都平原西部的岷（mín）江上，是由战国时秦国的李冰父子率领成千上万的军民建成的。

当时，李冰任蜀郡太守，为了"驯服"汹涌的岷江水，缓解成都平原地区的旱情，他在现在的玉垒山一带，动用了大量人力，将玉垒山凿（záo）出一个山口，叫"宝瓶口"，从玉垒山分离出来的部分则叫"离堆"。

开出宝瓶口后，李冰又在岷江中游修筑了分水堰，由于其前端形状像鱼头，所以叫"分水鱼嘴"。分水鱼嘴将上游江水一分为二：西边是外江，沿着岷江顺流而下；东边是内江，经过离堆再次分流，一部分流入宝瓶口，再经宝瓶口流入四条干渠，进入灌区，灌溉成都平原和龙泉山以东的丘陵地区。

在鱼嘴分水堤的尾部，靠着宝瓶口的地方，他又建起平水槽和飞沙堰。当内江水位过高的时候，洪水经平水槽漫过飞沙堰流入外江，以保障内江灌区免遭水淹。同时，漫过飞沙堰流入外江的水流，在漩涡作用下，有效地阻止了泥沙在宝瓶口前后的沉积。

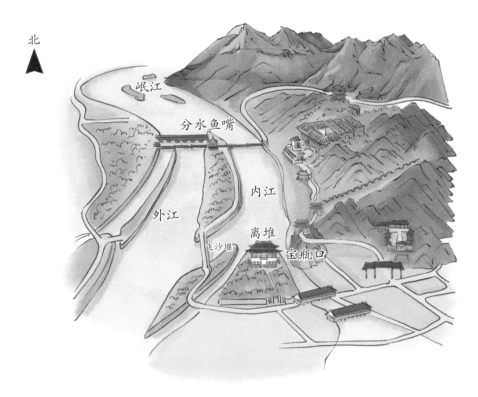

就这样，都江堰成为一个完整的水利系统。它以不破坏自然资源、充分利用自然资源为人类服务为前提，使人、地、水三者高度协调，不但解决了困扰人们多年的岷江水患问题，还让平原有了更多的土地以种植粮食，让巴蜀之地真正成为"天府之国"。

不过，由于当时的技术条件有限，堤坝容易毁坏，因此都江堰每年都要拦水大修，修好再开水灌溉，这才出现了山春在诗中描写的情景。

现在科技水平大大提升，都江堰在修缮时可以使用电动钢制闸门，随时都能关闭和开启，而且也不用全部断流，比过去方便得多。不过，为了弘扬传统文化，开水节如今还在举行，并成为都江堰市乃至四川省的一张极具历史文化内涵的名片。

钱塘湖春行　［唐］白居易

孤山寺北贾亭西，水面初平云脚低。

几处早莺争暖树，谁家新燕啄春泥。

乱花渐欲迷人眼，浅草才能没马蹄。

最爱湖东行不足，绿杨阴里白沙堤。

　　钱塘湖是西湖的别名，位于今浙江杭州，自唐代以来，这里一直是游览胜地。唐穆宗长庆二年（822 年）秋天，白居易被任命为杭州刺史。这首《钱塘湖春行》就像一篇短小精悍的游记，记录了他在西湖边一次快乐的春游。

　　当然，白居易并没有把时间都用在游山玩水上，他非常关心当地人民的生活。当他注意到杭州的六口古井因为地下引水管道经常淤（yū）塞、影响供水时，便找来人手修复供水系统，疏通水井，解决了老百姓的用水问题。

　　后来，他又发现西湖水没能得到很好的利用——干旱时水浅不够灌溉农田，下大雨湖水又会泛滥，所以他发动居民在钱塘门外的石函（hán）桥到武林门之间修筑了一条湖堤。这条堤把当时的西湖分成了上湖和下湖，中间有水闸，下大雨时上湖蓄水，干旱时就

从上湖放水到下湖灌溉农田，给老百姓带来了实打实的好处。大家为了感谢他，就把这条湖堤称为"白公堤"。

不过，白公堤几经沧桑，早已消失。现在我们熟悉的西湖白堤，和白公堤是两回事儿。当年的白公堤上铺满了白沙，所以也叫"白沙堤"。这里的风光十分美好，白居易常来游玩，还在诗里写下"绿杨阴里白沙堤"之句。

白堤全长不到1000米，却连接了许多著名的景点：白堤东边的起点是断桥，中间是锦带桥，西边的终点是"平湖秋月"……它像一条从孤山伸出的臂膀，连接了孤山和湖岸，又把西湖自然地分割成里湖和外湖，形成了十分秀丽的山水环境。

如今的白堤，堤面不再铺着白沙，而是变成了宽阔的柏油路；沿岸还种植了很多桃树、柳树。

春天到这里漫步，游客们可以看到一幅桃红柳绿、碧草如茵的风景画，也能感受到白居易在诗中描写的游览西湖的乐趣。

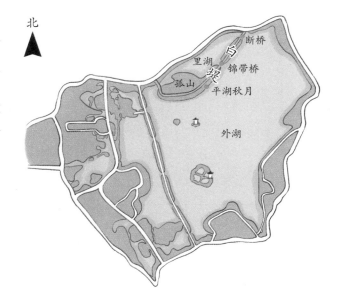

49 杨柳满长堤·苏堤

苏堤春晓　　〔明〕张宁

杨柳满长堤，花明路不迷。

画船人未起，侧枕听莺啼。

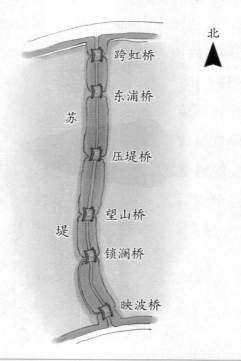

西湖上不但有白堤，还有著名的苏堤。"苏堤春晓"被列为"西湖十景"之首，指的是寒冬一过，苏堤附近便显露出春天的气息，风景格外美好。

历史上有很多诗人以"苏堤春晓"为题写过诗词，明代诗人张宁的这首作品看上去简单，却值得细细品味。他只用了二十个字就描绘出花红柳绿、苏堤悠长的画面。最妙的是，他还将人和景色相结合，说画船中的人（很可能就是他自己）陶醉在"苏堤春晓"的美好景色中，虽然刚刚睡醒，但不想起身，依然侧躺在枕上，聆听那婉转动听的黄莺叫声。

让张宁十分喜爱的苏堤纵跨西湖南北两岸，它的出现还要归功于大诗人苏轼。北宋元祐四年（1089 年），苏轼担任杭州知州。和白居易一样，苏轼也是一个心系黎民百姓的好官员。他见西湖被葑（fēng）草（一种水生植物）覆盖、淤泥封堵，便决定疏浚（jùn）西湖。于是，他一面上书朝廷，一面组织了 20 万人，开始了这个大工程。在他的主持下，杭州的百姓用挖出的淤泥和葑草筑成了这条长堤，世称"苏公堤"，也就是现在的"苏堤"的雏形。

那时候，民间流传着两句民谣，"西湖景致六吊桥，间株杨柳间株桃"，说的就是苏堤上的景色。人们在堤上栽植了大量杨柳、碧桃和其他花草，还建起了六座单孔半圆形石拱桥。这六座桥自南而北依次为映波桥、锁澜（lán）桥、望山桥、压堤桥、东浦桥、跨虹桥，据说这些桥的名字都是苏轼起的。

在以后的漫长岁月中，苏堤一度被毁，但又重建。现在的苏堤，南起南屏山北麓，北至北山，长 2797 米，宽 30—40 米，穿越整个西湖水域，是跨湖连通南北两岸的唯一通道，也是观赏全湖景观的最佳地带。

苏堤上不但有杨柳、碧桃，还有三角枫、七叶树、重阳木等观赏树木及花草。每当春风吹拂的时候，各种花儿争奇斗艳，吸引了人们的目光，与张宁在诗中描写的"苏堤春晓"的美景不相上下。

当然，苏堤两侧的景色也令人沉醉，西侧有双峰插云、杨公堤、郭庄、曲院风荷、花港观鱼等，东侧有三潭印月、湖心亭、阮墩环碧、雷峰塔、保俶塔等。从苏堤上放眼望去，处处是景，让人流连忘返。

50 驾石飞梁尽一虹·赵州桥

安济桥　　［宋］杜德源

驾石飞梁尽一虹，苍龙惊蛰背磨空。

坦途箭直千人过，驿使驰驱万国通。

云吐月轮高拱北，雨添春色去朝东。

休夸世俗遗仙迹，自古神丁役此工。

在河北省石家庄市赵县的洨（xiáo）河上，有一座举世闻名的石拱桥，叫"赵州桥"，又叫"安济桥"。赵州桥建成后，人们对它称颂不已，文人墨客也为它写下了很多诗篇，这首《安济桥》是宋代赵州刺史杜德源的作品。

大家别着急，慢工出细活！

杜德源在诗里用了不少比喻，把赵州桥的形态描写得生动有趣：像弯弯的彩虹，又像苍龙弯曲的脊背。可见桥的造型既别致又富有美感，能够给人留下深刻的印象。

受到杜德源盛赞的赵州桥，始建于隋朝。当时，隋朝刚刚结束了长久以来南北分裂的局面，而赵州的位置又十分重要，北上可以到达重镇涿（zhuō）郡（今河北涿州），南下可以到达京都洛阳。这么一个重要的位置却被洨河阻断了，每到洪水季节甚至不能通行，所以朝廷决定修建赵州桥。负责桥梁设计和建造工作的是石匠李春，他圆满地完成了任务，还因此在桥梁史上留下了浓墨重彩的一笔。

赵州桥有50多米长，9米多宽，中间可以走车马，两旁走人，远看十分壮观。杜德源在诗中赞美道："坦途箭直千人过，驿使驰驱万国通。"意思是，赵州桥的修建让南北交通变得更加通畅，不但方便了人们的出行，还方便了驿使传递公文、消息。

这样一座重要的石拱桥，设计风格却十分出人意料：桥下面竟然没有桥墩，只有一个拱形的大桥洞，横跨在 37 米宽的河面上。在大桥洞顶上，左右两边各有两个小桥洞，让整座桥显得更加美观。这种设计被称为"敞肩式拱桥"，欧洲在 19 世纪以后才出现这种形式的桥梁，比赵州桥晚了 1200 多年。

当然，李春这样设计并不只是为了视觉效果，他还考虑到在发生洪涝灾害的时候，小桥洞可以起到分流的作用，能够减轻大桥洞的负担，桥就不容易被冲垮；而且凿出这几个小桥洞，也能减轻桥本身的重量，可以说一举多得。

也是靠着这种巧妙的设计，赵州桥在漫长的岁月中才能经受住风雨的侵蚀、洪水的冲击、地震的危害以及长年不断的马踏车压和行人走动。难怪杜德源要用夸张的语气说，这是只有"神丁"（天上的使者）指挥着地上的工匠，才能完成这么了不起的工程。

现在，经过多次修缮的赵州桥仍然屹立在洨河上，它已经成为我国宝贵的历史文化遗产，值得我们骄傲和自豪。

柳　　〔唐〕裴说

高拂危楼低拂尘，灞(bà)桥攀折一何频(pín)。

思量却是无情树，不解迎人只送人。

灞桥位于今陕西省西安市灞桥区，是古代人们从长安东出入的一条必经通道。唐朝时，灞桥上设立了驿站，人们送亲友东去时，多在这里分别，有的还折柳相赠。那时"都人送客到此，折柳赠别因此"的风气，为文人雅士所津津乐道，并留下了众多脍炙人口的诗篇。这首《柳》就是其中的经典。

由于"柳"和"留"谐音，所以折柳送别的习俗在古代很盛行。诗人裴说在灞桥送别友人时，看到路边杨柳依依，心中不禁泛起了离别的哀愁。可他没有直接写自己的情感，而是"埋怨"起了灞桥的柳树，说它们最是"无情"——不知道迎接人们到访，只知道送人离开。这种别出心裁的写法，将灞桥和灞桥柳所寄托的离愁别绪表达得淋漓尽致。

当然，灞桥并不是因为柳树才出名的，它本身就是兼具历史和文化价值的古桥。灞桥始建于春秋时期。那时，秦穆公为了彰显自己的霸业，把名叫"滋水"的河流改名为"灞水"，还在河上建了一座桥，也就是最初的灞桥。后来灞桥因为遭遇战乱、水灾而损毁。

隋开皇三年（583年），灞桥在早期灞桥下游300米处的新址上得到重建，这就是著名的隋唐灞桥。桥梁建筑专家茅以升曾称赞它是我国历史上"最古老、久负盛名而又相当宏伟的一座桥"。当时，桥梁周围种植了很多垂柳，每到春天，柳絮飘飞，仿佛雪花在随风飞舞。人们称之为"灞柳风雪"，还把它归入"长安八景"中。

隋唐灞桥建成后，经受住了岁月的考验。这与它设计科学、结构合理有很大的关系。这座桥全长400多米，桥墩由石条砌筑而成，每

个桥墩上都有雕刻精美的龙头装饰，共80多处。当时，工匠们先将一排排木桩打入河底，再在木桩上铺垫木板，然后在上面砌筑桥墩。桥墩是用质地坚硬的石条砌成的，形状像巨船，两端尖尖的，可以起到分水的作用，减少水对桥身的冲击。桥墩之下的木桩常年淹没在水中，与空气隔绝，经久不朽，延长了桥墩的寿命。隋唐灞桥在灞水上屹立几百年，直到自然环境恶化，沙石淤积河道，至元代被废弃。

明清时期，灞桥多次重建，又多次被冲毁。清道光年间，灞桥再度得到重修。新桥位于隋唐灞桥的下游，长380多米，宽7米，有72个孔；桥柱由圆形石堆垒而成，桥面为木梁石板，桥两端各建有一座牌楼。

1957年，灞桥再度改建。人们用混凝土把原有的石头桥墩接高，并将木梁换成钢筋混凝土结构，建好后桥上能容两辆汽车并排行驶。

如今灞桥只保留了隋唐灞桥的老桥址和标志说明，但人们并没有忘记它，它和裴说诗中的"灞桥柳"一样，已经成为城市记忆的一部分。

寄扬州韩绰判官　　［唐］杜牧

青山隐隐水迢迢，秋尽江南草未凋。

二十四桥明月夜，玉人何处教吹箫。

杜牧曾经在扬州做官，韩绰应该就是他在这一时期的同僚，两人经常一起宴饮游乐。杜牧离开扬州后，还常常回忆起这段日子，他对扬州的风景、建筑念念不忘，也很想念韩绰这位友人。

这首诗就是他写给韩绰的。整首诗意境优美，格调清新，千百年来广为传诵。不过，诗中的"二十四桥"却成了一个难解的谜，因为人们不知道杜牧说的是扬州城里的二十四座桥，还是一座名为"二十四桥"的桥。为了解答这个问题，文人学者们争执了 1000 多年，到现在也没有得出统一的结论。

宋代科学家沈括支持第一种观点。他在《梦溪笔谈·补笔谈》中列出唐朝时扬州城里的 20 多座桥，还告诉大家，当时的扬州城里水网纵横，桥多也不稀奇。不过，到了北宋元祐年间，扬州水道逐渐干涸（hé）减少，桥梁也就所剩无几了。

清代的戏曲学家李斗却提出了反对意见。他认为，宋代文学家姜夔（kuí）在《扬州慢》里写过，"二十四桥仍在，波心荡、冷月无声。念桥边红药，年年知为谁生"，这桥边红色的芍药花总不能同时长在二十四座桥旁吧？李斗还特意考证了一番，把自己的观点记录在了《扬州画舫录》里，说"二十四桥"就是吴家砖桥，也叫"红药桥"。

如今的二十四桥是扬州市经过规划重新修建的。在修建时，人们参考了《扬州画舫录》的记载和有关的历史记录，又结合当地的地形地貌特点，兴建了包括二十四桥、玲珑花界、熙春台、十字阁、重檐亭、九曲桥在内的古典园林景区。

这座二十四桥是弯月形的单孔拱桥，长 24 米，宽 2.4 米，有汉白玉栏杆 24 根，桥的两侧刻有 24 幅玉女按笛吹箫的浮雕，两侧各有台阶 24 级，处处都能对应"二十四桥"这个名字。桥西北还有一座吹箫亭，让人不由得想到杜牧诗中"玉人何处教吹箫"的句子。

远看二十四桥，好像一道弯弯的月牙落在水上；走近细瞧，在桥和水的衔接处，湖石被堆叠成了云的形状，桥周围还种植了很多丹桂树。人们在这里随时都能看到云、水、月相映的画面，体会到杜牧诗中"二十四桥明月夜"的美好意境。

卢沟桥 ［清］王鸣盛

卧虹终古枕桑乾，泱 漭 浑河走急湍。

马邑风烟通一线，太行紫翠压千盘。

唤人喔喔荒鸡早，照影苍苍晓色寒。

沙际闲鸥应笑我，又听铃铎送征鞍。

在北京市丰台区的永定河上，横跨着一座石桥——卢沟桥。它始建于金大定二十九年（南宋淳熙十六年，1189 年），是过去人们出入北京的交通要道。

在一个清晨，清代诗人王鸣盛骑着马经过卢沟桥。这一路上，他感受着卢沟桥的宏伟气势，心中有所感触，便写下了这首诗。

在诗的开头，王鸣盛就用"卧虹"二字来指代卢沟桥，生动地展现了桥的形态。接下来，他笔锋一转，写到了桥下的永定河（原名"卢沟河"）那激流澎湃的水势，更凸显了桥的壮观。随后，王鸣盛大胆地展开想象，勾勒出一幅河山万里的图卷，点明卢沟桥举足轻重的地理位置，更是让人对这座桥产生了向往之情。

那么，卢沟桥到底是什么样的呢？下面就让我们跟随王鸣盛的指引，一起去看一看吧。

卢沟桥全长 266.5 米，桥面宽 7.5 米，有 10 座桥墩、11 个桥孔，是一座圆弧联拱石桥。由于永定河河水湍急，就像王鸣盛描写的那样，"泱潒浑河走急湍"，所以在修建卢沟桥的时候，建造设计必须满足坚固耐用的要求。为此，人们采用了厚墩、厚拱的设计。为了让桥墩能够牢牢立住，人们把粗大的铁钉打入河底的卵石层中，上面穿入巨石，连成一个整体，砌成一个桥墩。桥墩也不是方方正正的，而是把下方加工成船形，被水冲刷的一面砌成分水尖，有点像尖尖的船头，这样能够抵抗流水的冲击；分水尖上又盖有六层分水石板，既能加固分水尖，又能提升桥墩的承重能力。

另外，桥身被设计成中间隆起、两端较低的弧形。桥洞从桥的中心依次向两边减小，这样的设计能为桥身分担不少压力。所以，卢沟桥虽然饱经岁月的洗礼，但保存得比较完好。

除了桥体设计，卢沟桥还有很多特色，其中最让人称赞的就是桥上那些形态各异的石狮子。在桥两侧的石柱上，每根柱头上都雕有石狮子。它们有大有小，大的有几十厘米，小的只有几厘米。每一头石狮子的样子都不相同，有蹲坐的，有低头的，还有小狮子睡在母狮子怀里的……如果有人去数狮子的数量，常常会数花了眼，所以大家都说"卢沟桥的狮子数不清"。

无论是卢沟桥的结构设计还是石雕艺术，都体现出了古代劳动人民高超的智慧和精湛的技艺。在没有大型工程设备的古代，能够建成这样一座石桥，是非常了不起的。

现在，我们从远处看卢沟桥，会看见它在波光粼粼的永定河上，宛如一道彩虹，飞跨东西两岸，确实如王鸣盛所说的"卧虹"一样，美不胜收。

军事防御

九

古诗词中的军事防御工程是那样坚固雄伟，充分展现了古人的勇敢与坚毅。品读诗词，我们会看到那城墙气势磅礴、固若金汤，那关隘"一夫当关，万夫莫开"……它们不仅是历史的见证，更是中华民族坚韧不屈、自强不息精神的象征。

咏长城　[唐]汪遵

秦筑长城比铁牢，蕃^{fān}戎^{róng}不敢过临洮^{táo}。

虽然万里连云际，争及尧阶三尺高。

　　长城是我国古代最伟大的军事防御工程，也是世界建筑史上的奇迹。从古至今，不知有多少诗人争相歌颂它的宏伟壮观。唐代诗人汪遵在游览长城时，也感慨不已，写下了这首《咏长城》。

　　在诗中，汪遵虽然不赞同秦王朝大兴土木、炫耀军事武力的做法，但也不得不承认秦长城"比铁牢"。有了它的存在，北方的外敌全都无法越过临洮（今甘肃临洮，是秦长城的西起点）。秦朝的长城确实非常壮观，它西起临洮，东至辽东，全长一万多里（一里为500米，一万里为5000千米），所以又叫"万里长城"。

　　不过，这还不是最早的长城。修筑长城的历史可上溯到西周时期，周幽王烽火戏诸侯是最早的关于长城的典故。到了春秋战国时期，楚国是各诸侯国中最先修筑长城的，所修筑的长城在今河南与湖北交界一带，距今已有2600多年的历史了。

　　此后，由于战争频仍，齐国、燕国、魏国、赵国、秦国等展开了一场修长城"大比拼"——先后在各自的边境修筑了长城。秦始皇统一六国后，为了防范北方的敌人，就把秦、赵、燕三国的长城连在一起，并加以扩建、修缮，筑成了万里长城。到了汉朝，长城又继续向西延伸……

以后的多数朝代也都改造或修建过长城,其中要数明长城工程最浩大,成绩最突出。我们今天所见到的长城,绝大部分是明朝修建的。为了巩固北方的边防,明朝从洪武年间开始,历经近200年,几乎没有停止过对长城的修筑。根据专家研究,明长城总长度为8851.8千米。

那时候,明长城也叫"边墙",可它不仅仅是一道城墙,而是由多种防御工事组成的一个完整的防御体系。长城沿线分布着一个个关隘(ài),它们是由砖石墙体连接而成的封闭城池,可以用于驻兵,像著名的山海关、嘉峪关等就是关隘;城墙上每隔一定距离修建有敌楼,它们高出城墙数丈,守城的士兵可以住在这里,炮火也能储存在这里;长城沿线的险要之处还修建了许多烽火台,也叫"烽燧(suì)",可以用来监测敌人的来犯情况——一旦发现敌情,士兵白天点燃狼烟,夜晚点火,就能迅速把信息传递给下一站。

明王朝十分重视长城的防务,不但派遣重兵把守,还把长城沿线划分为九个防守区,合称"九边重镇"。通过这些重镇的统一指挥,长城上的关隘、敌楼、烽火台等就能连接成一张严密的网,有效提高防御作战能力和军事通信能力。

我国历史上多数朝代都有修建长城的活动。根据国家文物局于2012年6月5日宣布的调查结果,中国历代长城总长度为21196.18千米,"万里长城"这个名字都不足以形容它的巍峨。长城就像是一条蜿蜒起伏的巨龙,横卧在中华大地上,展示着中华民族的坚强意志和雄伟气魄。

长相思　　［清］纳兰性德

山一程，水一程，身向榆关那畔行，夜深千帐灯。　风一更，雪一更，

guō

聒碎乡心梦不成，故园无此声。

纳兰性德是清代著名词人，他的词在整个中国词坛都有很高的声誉，在中国文学史上也占有一席之地。不过，他还有一个身份，就是康熙皇帝身边的御前侍卫。康熙皇帝出巡，纳兰性德常跟随左右。

清康熙二十一年（1682 年），纳兰性德随康熙皇帝出山海关祭祖。这一走就是好几个月，加之天气寒冷，旅途艰难曲折、漫长遥远，他非常思念宁静美丽的故乡和家中的亲人，便写下了这首词。

纳兰性德在词中提到的"榆关"，就是山海关，位于今河北省秦皇岛市东北部，是明长城的东北关隘之一，有"天下第一关"的美誉。据说，山海关是隋文帝时设置的关城，当时叫"榆关"或"渝关"。到了明代，开国皇帝朱元璋命大将军徐达重修关城，由于关城北倚燕山，南连渤海，所以取名"山海关"。

山海关所在的地理位置非常重要。从地图上看，狭长的辽西走廊是从东北进入华北最方便的通道，而山海关就在辽西走廊南端最窄的地方，好像一把大锁，锁住了这条要道，因而成了兵家必争之地。

在纳兰性德生活的清代，山海关的战略地位仍很重要，因为它位于今燕京（北京）和盛京（沈阳）的中间，有"两京锁钥（yào）无双地，万里长城第一关"的说法。

不过，山海关并不是只有一座关城，而是由七座城池组成的，和延伸到大海的长城一起构成了一个完整的防御体系。

山海关的关城有四座城门。东门就是我们熟悉的"天下第一关"，保存最为完整，上方悬挂着白底黑字的巨幅匾额，苍劲雄浑的"天下第一关"五个大字让城楼更显气魄宏大。城门内有瓮城，规模虽然不

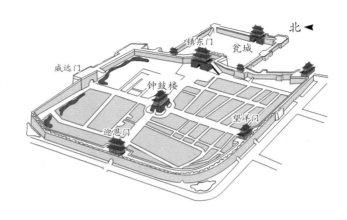

大，但能构成第二道防线，敌人进入后可对其形成瓮中捉鳖（biē）之势。城东南隅（yú）、东北隅分别建有角楼，城中间建有雄伟的钟鼓楼。城墙外有宽 16 米、深 8 米的护城河环绕。

　　为了加强对城门的防护，山海关东门和西门外还分别建有东西两个小城，叫"罗城"。在城外南北方向还建有南北翼城，可以与关城互相照应，可惜两座翼城都已损毁。

　　山海关向南出城，有老龙头长城直入渤海。老龙头地势高峻，曾建有宁海城、澄海楼，可惜原建筑已经毁于战争中。

　　纳兰性德来到山海关后，面对险要的地势和雄伟的关城，心中激动不已，写下《山海关》《浪淘沙·望海》等作品。这些作品写得气势恢宏，和他擅长的清丽优雅的风格很不一样。"山界万重横翠黛，海当三面涌银涛"，在他的笔下，山海关是那么的壮美，令人心驰神往。

山坡羊·潼关怀古 ［元］张养浩

峰峦如聚，波涛如怒，山河表里潼关路。望西都，意踌躇。 伤心秦汉经行处，宫阙万间都做了土。兴，百姓苦；亡，百姓苦。

元朝天历二年（1329年），关中出现了严重的旱灾，张养浩被派往陕西赈灾。途中，他目睹了老百姓遭受的苦难，心中感慨、愤怒不已，于是他写下了这首散曲。

这首散曲中的"潼关"位于今陕西省关中平原东端，是关中的东大门。它内有华山，外有黄河，张养浩在散曲中是这样形容的：华山的山峰从四面八方汇聚于此，黄河流经此处时的波涛像是在发怒似的。他用一句话写出了潼关重要的地理位置和雄伟的气势。

历史上，潼关一直都是兵家必争之地，为"中华十大名关"之一。早在东汉末年，这里就建立了关隘，位置大概在潼关古城以南的山坡上。曹操曾经和马超在这里大战一番，马超凭借关卡的险要位置，占据了优势，但曹操依靠过人的智谋，最终夺取了潼关。

在隋代，潼关被挪到了靠近黄河的地方。到了唐代，潼关又一次"搬家"，来到了紧邻黄河南岸的地方。在修建关城时，人们充分利用了此处的自然地理优势，让关城南面依托高山，北面濒（bīn）临黄河，从而拥有了天然的地理屏障。关城里建有高大的关楼，城外还开挖了壕沟，使得整座关城易守难攻，可谓"一夫当关，万夫莫开"。

明朝更加重视潼关的建设和驻防，不断扩建关城。城墙依照山势修建，曲折蜿蜒；关城南高北低，北临黄河，东、西、北三面城墙高5丈，而南边的城墙最高处竟有10丈。整个城池共建有六个城门，气势十分宏大。关城外还有十余座卫城，号称"十二连城"，拱卫着关城。

　　那时，潼关的发展也进入繁盛时期。驻守关城的士兵退伍后就成了这里的居民，他们建起纵横交错的街道，还在关内外修建了不少名胜景致，形成了有名的"潼关八景"。

　　到了清代，潼关不但得到重修和扩建，土城墙上还贴砌了方石条和青砖，显得更加坚固、雄伟、美观。乾隆皇帝曾来过这里，他感慨于潼关的险峻，在城楼外的横额上留下了"第一关"的鎏金御书，让潼关成了和山海关齐名的雄关。

　　虽说古城不复存在，但山河仍在，历史仍存，我们还可以去寻访"山河表里潼关路"，感受"波涛如聚，峰峦如怒"的意境。

57 铁马秋风大散关·大散关

书 愤 ［宋］陆游

早岁那知世事艰，中原北望气如山。

楼船夜雪瓜洲渡，铁马秋风大散关。

塞上长城空自许，镜中衰鬓已先斑。

出师一表真名世，千载谁堪伯仲间。

写这首诗的时候，陆游已经年过六十了。当时他被罢了官，闲居在山阴（今浙江绍兴）老家，可他没有安享晚年的打算，而是回想自己年轻时战斗的情景，为时不再来、壮志难酬而感到悲愤。

在陆游的记忆深处，有这样一段"高光时刻"。那是在宋乾道八年（1172 年）左右，渴望保家卫国的陆游受到邀请，来到陕西南郑，在一位姓王的将军手下任职。那时候，他经常前往前线据点和战略要塞，还在大散关一带巡逻。有一次，他和军队渡过渭水，在大散关与金兵发生了遭遇战……这段从军生活虽然只有八个月，但给他留下了终生难忘的记忆。

让陆游念念不忘的大散关，也叫"散关"，原来属于周朝的散国，故称"散关"。大散关位于今陕西省宝鸡市大散岭上，扼守着关中地区的西大门，是"关中四关"（东有函谷关、南有武关、西有大散关、北有萧关）之一，自古就是兵家必争之地。

大散关这里曾发生过多次战役。在楚汉相争时期，刘邦采纳了张良的计谋，一边派少量军队修复被烧毁的栈道，假装要从栈道出兵；一边率领部队绕道出了大散关，袭击陈仓，进而成功夺取汉中。这就是有名的"明修栈道，暗度陈仓"。三国时期，诸葛亮出陈仓也经过了大散关。

唐代，大散关是边防的重要关口，唐军曾在这里与外敌交战。王勃、王维、岑参、杜甫、李商隐等诗人也写过与大散关有关的作品。

南宋时，抗金名将吴玠（jiè）、吴璘兄弟凭借大散关天险，用

数千精兵打败了十万金军。这次大捷写入史册。

明代，大散关被修建成以城池为主的防御体系，其中包括城门、城墙、烽火楼、箭楼等设施。到了清代，大散关的防御功能得到进一步的改善，城墙更加高大厚实，城门更加坚固，烽火台和箭楼也得到加强。

如今的大散关虽然不复当年的雄关模样，但其川陕咽喉的交通枢纽地位并没有改变，川陕公路、宝成铁路都从这里通过，至今仍然发挥着交通要冲的作用。

如今来到大散关，人们能够看到关楼、烽火台和古战场的遗址，还能够瞻仰吴玠、吴璘等爱国将领的塑像。历代名人过散关的诗作也被刻在关楼周围，其中陆游的作品最多。他充满豪情壮志的诗句，让人情不自禁地回想起那些"铁马秋风"的日子。

凉州词　　［唐］王之涣

黄河远上白云间，一片孤城万仞山。

羌笛何须怨杨柳，春风不度玉门关。

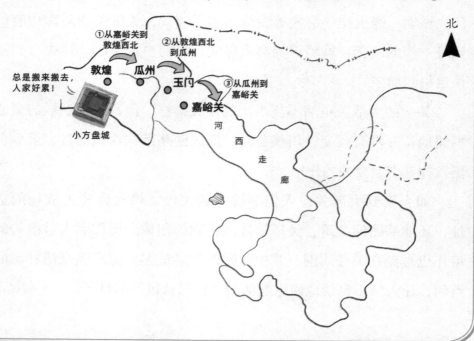

①从嘉峪关到敦煌西北

②从敦煌西北到瓜州

③从瓜州到嘉峪关

总是搬来搬去，人家好累！

敦煌　瓜州　玉门

嘉峪关

河西走廊

小方盘城

北

王之涣虽然没有上过战场，但他的边塞诗写得十分精彩。这首诗写得慷慨悲凉，但又不颓废消沉，充分表现出他豁达宽广的胸怀。

在这首诗的前两句中，王之涣用寥寥几笔就勾勒出一幅大气苍凉的画面：黄河向远处奔腾而去，好像要流到白云中一般；一座关城孤独地伫（zhù）立在荒凉的背景中，只有万丈高山做伴。这两句诗成了书写玉门关的千古绝句，被后人争相传颂，而诗句中的"孤城"就是著名的荒原边塞——玉门关。

玉门关历史悠久。早在汉武帝时期，为了开拓西域，汉王朝就先后设置了酒泉、张掖（yè）、敦煌、武威四郡以及阳关、玉门关、悬索关、肩水金关四关。其中，玉门关是在修筑酒泉至玉门的长城时设立的。由于古代西域的玉石都从这里运往中原，久而久之，它就有了这个名字。

可是玉门关到底在哪里，人们却有不同的说法。这主要是因为玉门关在历史上曾经"搬"过好几次"家"，名字也发生了变化。这让它的踪迹变得扑朔迷离起来。

有种观点认为，汉武帝时，玉门关就在嘉峪关的石关峡处建关了。过了八九年，伴随着汉王朝的西征，玉门关搬到了敦煌西北一带。到了东汉，玉门关又向东"搬家"，搬到了瓜州一带（今甘肃省酒泉市瓜州县），一直持续到唐代。五代时，玉门关又回到了嘉峪关石官峡那个"老地方"……到了宋代，整个河西走廊几乎都被西夏占领，玉门关也就随之销声匿（nì）迹了。

所以，说到玉门关的位置，人们至少能说出三处地方。现在我

们所说的玉门关，位置在敦煌市西北 80 千米的戈壁滩上，也叫"小方盘城"。它北与北山相望，南与祁连山呼应，所处的环境很符合王之涣在诗中描写的情况。

这座小方盘城看上去四四方方的，分为上下两层，曾是玉门都尉的置所，相当于军事机构的指挥中心。城墙用黄胶土垒成。城内东南角有一条狭窄弯曲的小道，叫"马道"。马道靠着东墙向南转上，一直连接到城顶。打仗时，士兵们可以从马道悄悄移动到城顶作战。

小方盘城的西北两面城墙各开一个门。城北坡下还有一条大车道，呈东西走向，是历史上中原和西域各国来往的重要通道，所以朝廷会安排将士在这里长期驻守。虽然生活非常孤独、艰苦，将士们也很想家，但他们从未有过逃避的想法。王之涣的这首诗写出了他们的心声，让人感到十分悲壮。

如今，小方盘城仍然静静地矗（chù）立在茫茫戈壁滩上。如果没有远处的标志，可能谁都不会想到，眼前这座不起眼的方形土城，就是当年有名的玉门关。幸好有王之涣等诗人对玉门关反复吟咏，后人才不会忘记那些尘封的历史。

送元二使安西 ［唐］王维

渭城朝雨浥轻尘，客舍青青柳色新。

劝君更尽一杯酒，西出阳关无故人。

在送别诗中，这首诗的地位非同凡响。王维将送别时依依惜别的情感、对朋友的不舍和祝福都融进那一杯离别的酒中，而诗中那蒙蒙的春雨和青青的柳枝则更好地烘托出送别的氛围，令人动容。

后人将这首诗谱上曲子演唱，由于全诗只有四句，唱起来有些单调，人们就把某些诗句反复唱几遍，所以将曲子命名为《阳关三叠》。其中那句"西出阳关无故人"，在反复咏唱中，流露出无限的伤感。

其实，诗中的"阳关"最初并没有王维说的这么荒凉。在汉代，它也曾见证过丝绸之路的辉煌。那时候，它和玉门关一南一北扼守着河西走廊的西端，是我国古代丝绸之路的南路必经的关隘。从阳关向北，到玉门关，中间有 70 千米的长城相连，且每隔几千米就有一座烽火台，便于传递军事信息。

当时，汉王朝经营西域的物资要在这里存储和转运，汉朝的军队、官员及其家属和西域的商队、使者都要从这里进出，西域的众多土特产也要从这里送往敦煌，再运往长安等地。

到了唐代，中原和西域仍往来频繁，阳关在其中扮演着重要的角色。唐代高僧玄奘从天竺（今印度）取经回来，便是从阳关返回的长安。边塞诗人岑参也是阳关的常客，还留下了"阳关万里梦，知处杜陵田"的佳句。所以，当时出阳关不但不会"无故人"，而且可能会"故人不绝"。

然而，宋代以后，丝绸之路逐渐衰落，阳关也慢慢被废弃了。由于周围的环境不断恶化，阳关损毁得十分严重。如今的阳关只剩

下一座屹立在山峰上的古代烽火台。

这座烽火台高 4.7 米左右，墙体是用土块和芦苇层层叠压筑成的，历经千年风沙侵袭，仍屹立不倒。在烽火台顶可以俯瞰阳关以西和南北的军情，所以它也被称为"阳关耳目"。

烽火台所在山体的南边有古阳关道，呈东西走向。据说当时的阳关道能容下九排牛车一起通过，所以人们常用"阳关道"比喻宽阔的道路，由此还出现了俗语"你走你的阳关道，我走我的独木桥"，指各走各的路，互不相干。

离烽火台不远的地方还有一座阳关关城，是根据古书上的记载仿造的。它造型古朴别致，有汉代的风格。它的出现也告诉我们，阳关不再是王维笔下"西出阳关无故人"的荒凉之地，而是一个文化符号，是人类共同的文化遗产。

镇北台　[明] 刘敏宽

重镇秋声霁色开，巡行不是为登台。

千山远向云霄列，一水还从沙漠来。

　　　wéi　　que
戍阁崔嵬天阙近，塞垣缭绕地维回。

　　　　　　jìng　　　　　　làng　wēi
凭高极目狼烟靖，恍是逍遥阆苑偎。

明代有个叫刘敏宽的官员，曾经担任过陕西三边总督。他来榆林巡视时，为这里著名的镇北台写了一首诗。

在诗中，刘敏宽一开始就点明，自己不是来观光游玩的，而是来做实事的。他并没有说大话，能文能武的他曾先后打过 30 多次胜仗，还开矿炼铁，减轻了当地财政负担，也让老百姓得到了实惠。

这次巡行经过镇北台，刘敏宽用心观察了周围的地貌环境，还登台瞭望了一番。他看到边境安宁，没有狼烟（在烽火台点起狼烟，可以传递有敌人进犯的信号），心中既欣慰又自豪。

他在诗中提到的"镇北台"是明长城上最大的烽火台，也是万里长城上最雄伟的军事要塞和观察所，被列入"长城三大奇观"。另外两个"奇观"是山海关和嘉峪关。

镇北台之所以会这么出名，和它的地理位置有很大的关系。它处在今陕西省榆林市北的红山上，依山踞险，居高临下，北瞰河套，南蔽三秦，锁长城要津，控南北咽喉，像一把巨锁，紧扼边关要塞。

明王朝最开始修筑镇北台的目的是镇守边关。当时的榆林还是一个小小的边塞卫城，被称为"榆林卫"。明朝在 200 多里外的绥德州设立了军事置所，但距离榆林卫太远了，要是有外敌南下抢夺财物，绥德的增援部队根本来不及做出反应，所以明朝才会在秦长城和隋长城的基础上修建延绥镇长城（也叫"榆林镇长城"）。后来，为了保护红山市的贸易安全，明朝又修建了镇北台。

镇北台建成后有四层，高度超过 30 米，基座的面积达 5000 多平方米；上面的三层建筑面积逐渐缩小，远远望去，有点像正在海

上航行的军舰；每一层的外侧都有两米高的垛口，垛口上方还设有瞭望口，方便士兵观察敌情。

在镇北台东侧有一座小城，叫"款贡城"，是和镇北台同期修建的，最初是明朝接受贡品、给予来使赏赐的地方。后来，各民族化干戈为玉帛，在这里洽谈起了贸易。刘敏宽来到这里时，看到的就是一幅安定祥和的画面，他有感而发，写下这首《镇北台》。

镇北台南侧的易马城在古时候就更热闹了。当时，汉族人民带着牧民最喜欢的布匹、丝绸、盐、茶等商品赶到这里。牧民们也带着自家的牛、羊、骆驼、马和平时打猎攒下的毛皮，到这里做生意。因为生意短时间谈不下来，大家索性带上营帐。解决了住宿的问题，人们就可以不紧不慢地洽谈生意了。那时候，一走进易马城，耳边就会充斥着马叫声、驼铃声和人们的交谈声。城里随处可见牛羊和其他商品，人们的脸上也带着愉快的笑容。

时光匆匆，现在的镇北台已没有了当年的盛况，它更像是一位历经沧桑的老人，静静地矗立在红山上，注视着周围日新月异的变化……